The Hundred-Page Machine Learning Book

机器学习精讲

[加拿大] 安德烈·布可夫（Andriy Burkov）著

韩江雷 译

人民邮电出版社
北京

图书在版编目（CIP）数据

机器学习精讲 /（加）安德烈·布可夫
(Andriy Burkov) 著 ; 韩江雷译. -- 北京 : 人民邮电
出版社, 2020.1
ISBN 978-7-115-51853-8

Ⅰ. ①机… Ⅱ. ①安… ②韩… Ⅲ. ①机器学习
Ⅳ. ①TP181

中国版本图书馆CIP数据核字(2019)第212800号

版权声明

◆ 著　　[加拿大] 安德烈·布可夫（Andriy Burkov）
　译　　韩江雷
　责任编辑　陈冀康
　责任印制　焦志炜
◆ 人民邮电出版社出版发行　北京市丰台区成寿寺路 11 号
　邮编 100164　电子邮件 315@ptpress.com.cn
　网址 http://www.ptpress.com.cn
　北京瑞禾彩色印刷有限公司印刷
◆ 开本：720×960 1/16
　印张：13.25
　字数：178 千字　2020 年 1 月第 1 版
　印数：1 – 4 000 册　2020 年 1 月北京第 1 次印刷
著作权合同登记号　图字：01-2019-0842 号

定价：69.00 元

读者服务热线：(010) 81055410　印装质量热线：(010) 81055316
反盗版热线：(010) 81055315
广告经营许可证：京东工商广登字 20170147 号

内容提要

本书用简短的篇幅、精炼的语言，讲授机器学习领域必备的知识和技能。全书共11章和一个术语表，依次介绍了机器学习的基本概念、符号和定义、算法、基本实践方法、神经网络和深度学习、问题与解决方案、进阶操作、非监督学习以及其他学习方式等，涵盖了监督学习和非监督学习、支持向量机、神经网络、集成学习、梯度下降、聚类分析、维度降低、自编码器、迁移学习、强化学习、特征工程、超参数调试等众多核心概念和方法。全书最后给出了一个较为详尽的术语表。

本书能够帮助读者了解机器学习是如何工作的，为进一步理解该领域的复杂问题和进行深入研究打好基础。本书适合想要学习和掌握机器学习的软件从业人员、想要运用机器学习技术的数据科学家阅读，也适合想要了解机器学习的一般读者参考。

致我的父母：塔提亚娜，瓦雷里
还有我的家人：凯瑟琳，爱娃和德米特里

译者序

我与“机器学习”的初次邂逅是在5年前，那时我刚刚决定于新加坡南洋理工大学攻读计算机博士学位。比起计算机学院的主流课程，如数据库、软件开发、嵌入式系统等，“机器学习”这个“新领域”既令人好奇，又让人望而生畏。当时，“学习”还没那么深度，“数据科学家”刚刚被《哈佛商业评论》宣布为“二十一世纪最吸引人的职业”。回头看来，差不多同一时间，“人工智能”正在为一次空前的崛起积累能量、蓄势待发。

我在新加坡南洋理工大学的研究项目属于工业界的应用问题，因此得以接触各种工业界数据和工具，并在研究工作中尝试部分机器学习模型。与此同时，与机器学习相关的各种文献、资料、开源项目在网络上大量涌现。作为从业者，我一方面受益于大量信息所带来的便利，另一方面却也时常因为信息量太大而不知从何入手。

2018年下半年，一次偶然的机会，我在职业社交平台上发现本书作者的贴子。安德烈是个职场“网红”，经常发些妙趣横生、却可能只有程序员才能理解的段子和图片。当时，他正积极地为新书做宣传，包括不定期连载和提供免费试读。泛读之后，我被作者精巧的构思和精炼的语言深深吸引。

在本书之前，我接触过一些关于机器学习技术的教科书。这些书的共同特点是：深、厚、难。首先，它们普遍内容深奥，阅读门槛较高。严谨的论证和详细的数学推导，需要很强的理论基础才能看懂。其次，很多教科书篇幅动辄上千页，让刚入门的读者望而却步。最后，实现书中所介绍的算法所需要的工程量较大，很难快速应用于实际问题。相比专业教科书，本书更像是一本科普读物，任何具备基本代数知识的读者都可以理解其大部分内容。本书篇幅较短、章节清晰，适合通读与精读。书中介绍的很多实用技巧也可以帮助读者快速上手实践。

虽然篇幅较短，但本书涵盖了关于机器学习的大部分精华要点，并将知识点系统地串联在一起。书中凝炼了大量学术文献的中心内容和结论，权威性很强。同时，作者将多年研究和工程项目中所总结的经验以最容易理解的方式与读者分享，可读性和实用性都非常强。由于篇幅所限，书中省去了大量数学推导过程以及文献引用。不过，有深入研究需要的读者仍可通过配套的网页获取更多内容。

当得知作者有意向将本书翻译成其他语言并在各国出版时，我主动联系作者和出版社，并通过试译，得到了翻译本书的机会。对我个人来说，翻译一本专业著作是个全新的挑战。当时主要的考量有二：一方面，将原书内容翻译成另一种语言的过程，也是加深对各种技术概念的印象、在精读中发现新的视角和问题的过程；另一方面，随着越来越多的行业正加入人工智能的革新浪潮，对机器学习人才的需求会继续增加，我也希望通过自己的绵薄之力，让更多对机器学习感兴趣却又望而却步的中文读者接触到这本书。

翻译这样一本书需要多次精读，并同时与作者保持沟通，查阅中英文资料以确保表述清晰、准确。当英文原文有多种含义时，就需要译者对比最佳契合度和应用的广泛性，决定最终译文方案。在此过程中，我深深感慨在该技术领域，中文用户社区蓬勃发展、高人众多。同时，鉴于本人在新加坡成长受教、工作科研，中文表述及使用与中国读者难免存在某些差异，翻译的过程中也难免会有遗漏或不周之处，敬请各位读者谅解、指教，一起学习。

人工智能技术发展之快令人难以置信。在我翻译本书的几个月时间里，就有多个重要研究成果被发表，基准测试被刷新。以这种速度发展下去，我很好奇未来的世界会是什么样子？人工智能到底会给人类社会带来怎样的改变？如果未来有读者拾起本书，是否会觉得安德烈探讨的“机器学习”早已成为常识？

谨以此书，献给求索无止的人类，还有热爱学习的机器！

韩江雷

2019 年夏

新加坡

前 言/PREFACE

在开始之前，我们要澄清一个事实——机器根本不会学习。所谓的“机器学习”，只是在寻找一个数学公式。找到之后，我们可以利用该公式和一组输入数据（训练数据）进行运算，并与正确结果进行比较。我们希望该公式能对大多数新的（不同于训练数据）、取自相同或相似统计分布的输入数据进行正确运算。

为什么我们认为这不算学习呢？原因是，如果输入数据发生微小改变，那么新的运算结果可能与正确结果截然不同。相比之下，动物的学习就完全不同。比如，很多人喜欢在计算机或手机上玩游戏。如果在正常的屏幕上会玩这个游戏，那么屏幕稍微倾斜或者旋转时也不太会影响我们玩游戏。如果换成一个机器学习的算法来玩呢？除非它是专门用来识别屏幕变化的算法，否则很可能无法在屏幕发生变化的情况下正常游戏。

既然如此，我们为什么还要叫它“机器学习”呢？这个名称在很大程度上是一个市场宣传噱头。“机器学习”概念由美国计算机游戏和人工智能领域先驱之一亚瑟·塞缪尔（Arther Samuel）在1959年首次提出。当时他就职于IBM。这个在当时很酷炫的概念帮助公司吸引了客户和高水平员工。后来，IBM又在2010年左右提出了“认知计算”（Cognitive Computing）的概念，再次助公司在激烈的竞争中占得先机。

正如人工智能不是真正的智能，机器也不能真正学习。然而，这并不影响“机器学习”逐渐成为一个被广泛接受的名词——构建一种计算机系统的科学和工程方法。使用“机器学习”构建的系统，无须明确地用指令编程，即可输出正确结果。总而言之，机器的“学习”只是一种比喻，并非实际意义上的学习。

本书的目标读者

自 20 世纪 60 年代以来，学术界与工业界涌现了大量与机器学习有关的材料。在本书中，我们只选择其中公认的最精华的部分。通过阅读本书，初学者能够较全面地了解机器学习的基础知识，为理解该领域的复杂问题和进一步深入研究打好基础。

与此同时，本书为有从业经验的读者提供了多种自我进修的方向。作为一本工具书，它同样适用于项目初期的头脑风暴阶段，比如评估机器学习是否适用于解决某个技术或业务问题，以及具体的解决思路。

如何阅读本书

由于本书篇幅精简，因此我们建议初学者按照章节顺序阅读。如果读者对某一课题特别感兴趣，想了解更多，可以

通过扫描章节后附带的二维码获取附加资料（英文）。

扫描这些二维码将打开与本书配套的维基页面，其中包括大量推荐阅读、视频、问答、代码、习题等。本书的原作者，协同分布在世界各地的志愿者们，将会持续更新这些内容。可以说，本书犹如一坛美酒，越陈越香。

对于没有二维码的章节，它们很有可能也有对应的页面。读者可以在维基中搜索标题，以获取更多资料。

目 录 /CONTENTS

第1章　绪论 ······ 1

1.1　什么是机器学习 ······ 1
1.2　不同类型的学习 ······ 1
1.2.1　监督学习 ······ 1
1.2.2　非监督学习 ······ 2
1.2.3　半监督学习 ······ 3
1.2.4　强化学习 ······ 3
1.3　监督学习是如何工作的 ······ 4
1.4　为什么模型可以应用于新数据 ······ 9

第2章　符号和定义 ······ 10

2.1　符号 ······ 10
2.1.1　数据结构 ······ 10
2.1.2　大写西格玛（∑）符号 ······ 12
2.1.3　大写派（Π）符号 ······ 12
2.1.4　集合运算 ······ 13
2.1.5　向量运算 ······ 13
2.1.6　函数 ······ 14
2.1.7　max 和 argmax ······ 16
2.1.8　赋值运算符 ······ 16
2.1.9　导数和梯度 ······ 16
2.2　随机变量 ······ 18
2.3　无偏估计值 ······ 20
2.4　贝叶斯准则 ······ 21
2.5　参数估计 ······ 21
2.6　参数与超参数 ······ 23

2.7 分类 vs. 回归 …… 23
2.8 基于模型学习 vs. 基于实例学习 …… 24
2.9 浅层学习 vs. 深度学习 …… 24

第3章 基本算法 …… 26

3.1 线性回归 …… 26
3.1.1 问题陈述 …… 26
3.1.2 解决方案 …… 28
3.2 对数几率回归 …… 30
3.2.1 问题陈述 …… 31
3.2.2 解决方案 …… 32
3.3 决策树学习 …… 34
3.3.1 问题陈述 …… 34
3.3.2 解决方案 …… 34
3.4 支持向量机 …… 37
3.4.1 处理噪声 …… 38
3.4.2 处理固有非线性 …… 39
3.5 k 近邻 …… 42

第4章 算法剖析 …… 43

4.1 一个算法的组成部分 …… 43
4.2 梯度下降 …… 44
4.3 机器学习工程师如何工作 …… 50
4.4 学习算法的特性 …… 51

第5章 基本实践 …… 53

5.1 特征工程 …… 53
5.1.1 独热编码 …… 54

5.1.2 装箱 …… 55
5.1.3 归一化 …… 56
5.1.4 标准化 …… 56
5.1.5 处理特征缺失值 …… 57
5.1.6 数据补全技术 …… 58
5.2 选择学习算法 …… 59
5.3 3个数据集 …… 61
5.4 欠拟合与过拟合 …… 63
5.5 正则化 …… 66
5.6 模型效果评估 …… 67
5.6.1 混淆矩阵 …… 69
5.6.2 查准率/查全率 …… 70
5.6.3 准确率 …… 71
5.6.4 代价敏感准确率 …… 71
5.6.5 ROC 曲线下面积 …… 72
5.7 超参数调试 …… 73
交叉验证 …… 75
第6章 神经网络和深度学习 …… 77
6.1 神经网络 …… 77
6.1.1 多层感知机例子 …… 78
6.1.2 前馈神经网络 …… 80
6.2 深度学习 …… 81
6.2.1 卷轴神经网络 …… 83
6.2.2 循环神经网络 …… 90
第7章 问题与解决方案 …… 96
7.1 核回归 …… 96

7.2 多类别分类 …… 98
7.3 单类别分类 …… 99
7.4 多标签分类 …… 102
7.5 集成学习 …… 104
7.5.1 提升法与装袋法 …… 105
7.5.2 随机森林 …… 105
7.5.3 梯度提升 …… 106
7.6 学习标注序列 …… 109
7.7 序列到序列学习 …… 111
7.8 主动学习 …… 113
7.9 半监督学习 …… 115
7.10 单样本学习 …… 118
7.11 零样本学习 …… 120

第8章 进阶操作 …… 122

8.1 处理不平衡的数据集 …… 122
8.2 组合模型 …… 124
8.3 训练神经网络 …… 125
8.4 进阶正则化 …… 127
8.5 处理多输入 …… 128
8.6 处理多输出 …… 129
8.7 迁移学习 …… 130
8.8 算法效率 …… 131

第9章 非监督学习 …… 135

9.1 密度预估 …… 135
9.2 聚类 …… 138
9.2.1 k均值 …… 138

9.2.2 DBSCAN和HDBSCAN …… 140
9.2.3 决定聚类簇个数 …… 141
9.2.4 其他聚类算法 …… 145
9.3 维度降低 …… 148
9.3.1 主要成分分析 …… 149
9.3.2 UMAP …… 151
9.4 异常值检测 …… 153

第10章 其他学习形式 …… 154

10.1 质量学习 …… 154
10.2 排序学习 …… 156
10.3 推荐学习 …… 159
10.3.1 因子分解机 …… 161
10.3.2 去噪自编码器 …… 163
10.4 自监督学习:词嵌入 …… 164

第11章 结论 …… 167

11.1 主题模型 …… 167
11.2 高斯过程 …… 168
11.3 广义线性模型 …… 168
11.4 概率图模型 …… 168
11.5 马尔可夫链蒙特卡洛算法 …… 169
11.6 基因算法 …… 170
11.7 强化学习 …… 170

术语表 …… 172

第1章 绪　论

1.1 什么是机器学习

作为计算机科学的一个分支，机器学习致力于研究如何利用代表某现象的样本数据构建算法。这些数据可能是自然产生的，可能是人工生成的，也可能来自于其他算法的输出。

同时，机器学习也可以定义为一套解决实际问题的流程，具体步骤包括收集数据、利用算法对收集到的数据进行统计建模以及利用构建好的统计模型解决具体问题。

为节省篇幅，本书中交替使用名词“学习”和“机器学习”。

1.2 不同类型的学习

机器学习的方法主要有4种：监督（supervised）、半监督（semi-supervised）、非监督（unsupervised）及强化（reinforcement）学习。

1.2.1 监督学习

监督学习（supervised learning）[①] 需要一个**数据集**（dataset），其

① 本书中**加黑**的术语表示该术语被收录在术语表中。

中全部样本是**有标签样本**（labeled example）①，表示为 $\{(\boldsymbol{x}_i, y_i)\}_{i=1}^N$。数据集中有 N 个元素，每个元素 $\boldsymbol{x}_i$ 为一个**特征向量**（feature vector）。特征向量的每个维度 $j=1, \cdots, D$ 可以理解为描述某样本的一个角度。每个维度的值称为**特征**（feature），表示为 $x^{(j)}$。举个例子，如果每个样本 x 代表一个人，那么第一个特征 $x^{(1)}$ 可能对应身高，第二个特征 $x^{(2)}$ 对应体重，第三个特征 $x^{(3)}$ 表示性别，诸如此类。一个数据集中的所有样本，特征向量的同一个位置 j 必须包含同类信息。如果某样本 $\boldsymbol{x}_i$ 的第二个特征 $x_i^{(2)}$ 表示质量（千克），其他所有样本的第二个特征都是以千克为单位的质量值。另一方面，**标签**（label）y_i 可能是一个有限**类别**（class）集合里的一个元素 $\{1, 2, \cdots, C\}$，既可能是一个实数，也可能具有更复杂的结构，比如向量、矩阵、树或者图。本书重点讨论前两种情况，即类别和实数标记②。类别可以理解为一个样本的某个属性。例如，如果我们想用监督学习方法检测垃圾邮件，标签就有两类——{“垃圾邮件”，“非垃圾邮件”}。

监督学习算法（supervised learning algorithm）利用有标签数据集生成一个模型。以一个样本的特征向量作为输入，模型可以输出用于判断该样本标记的信息。例如，一个癌症预测模型可以利用某患者的特征向量，输出该患者患有癌症的概率。

1.2.2 非监督学习

有别于监督学习，进行**非监督学习**（unsupervised learning）只需要包含无标签样本的数据集，表示为 $\{(\boldsymbol{x}_i)\}_{i=1}^N$。**非监督学习算法**（unsupervised learning algorithm）所产生的**模型**（model）同样接受一个特征向量 $\boldsymbol{x}$ 为输入信息，并通过数学变换使其变成另外一个对其他任务

① 译者注：“标签”与“标注”“标记”交替使用，后同。

② 实数是可以用来表示距离的量，例如0、256.34、1000、1000.2等。

更有用的向量或数值。举几个例子：**聚类**（clustering）模型输出代表数据集中每个特征向量所在类簇（cluster）的标记；**降维**（dimensionality reduction）模型将输入的高维度特征向量 $\boldsymbol{x}$ 转化为一个低维度的输出向量；**异常值检测**（outlier detection）模型的输出是一个实数值，代表 $\boldsymbol{x}$ 在多大程度上不同于数据集中的“标准”样本。

1.2.3 半监督学习

半监督学习（semi-supervised learning）可利用掺杂着有标签和无标签样本的数据集进行学习。通常情况下，无标签样本的数量远超过有标签样本。**半监督学习算法**（semi-supervised learning algorithm）的功能和原理与监督学习算法大同小异，区别在于，我们希望算法可以利用大量无标注的样本学得更好的模型。

乍看之下，这个思路可能不太靠谱。难道加入大量无标签样本不会使问题变得更复杂吗？其实，在加入无标签样本的同时，我们也加入了大量新的信息：更多的样本可以更好地反映数据总体的概率分布。从理论上来看，一个算法应可以通过利用这些额外的信息而更好地学习。

1.2.4 强化学习

在**强化学习**（reinforcement learning）这个分支领域中，我们假设机器“生活”在一个环境中，并可以感知当前环境的**状态**（state）。环境的状态表示为特征向量。在每个状态下，机器可以通过执行不同动作而获取相应的奖励，同时进入另一个环境状态。强化学习的目的是学习选择行动的**策略**（policy）。

与监督学习模型相似的是，强化学习中的策略同样是一个函数，以某状态的特征向量作为输入，输出一个

在当前状态下最优的可执行动作。"最优"是指平均期望奖励最大。

强化学习专门解决需要按顺序做决策，并具有长期目标的问题，例如电子游戏、机器人控制、资源管理、物流管理等。本书重点介绍对相互独立的输入样本进行预测的一次性决策问题，所以关于强化学习的具体内容将不会出现在书中。

1.3 监督学习是如何工作的

在深入探讨之前，我们先大概解释一下监督学习的工作原理。我们从监督学习开始，因为它是最常见的机器学习方法。

监督学习的第一步是采集数据。每个数据点需要以（输入，输出）的形式成对出现。输入文件的格式可以是多样的，比如电子邮件、图片或者传感器读数等。输出格式则通常为一个实数值，或者代表类别的标签（例如，"垃圾邮件""非垃圾邮件""猫""狗""老鼠"等）。某些情况下，输出也可能是向量（例如，一个图片中人物所在区域的4点坐标）、序列［例如"一只猫"所对应的词性（"数词""量词""名词"）］或其他形式。

我们还是用过滤垃圾邮件为例说明。假设现在我们已经收集了一万封邮件，并将每个邮件标记为"垃圾邮件"或"非垃圾邮件"（可以请人帮忙，也可以自己动手标注）。接下来，我们要把每个邮件转变成特征向量。

如何用特征向量表示一个客观存在的事物（如一封邮件），通常由数据分析师通过经验来决定。一种常用的将文字转化为特征向量的模型叫作"词袋模型"（bag of words）。举个例子，我们可以使用3 500个常用汉字表①（按笔画排列）作为一个词袋模型的特征。

① 译者注：原作使用20 000个英文单词作为案例特征。

- 如果一封邮件中包含汉字"一"，那么第一个特征的值为1；否则为0。
- 如果该邮件包含汉字"乙"，那么第二个特征的值为1；否则为0。
- 如果该邮件包含汉字"罐"，那么第二个特征的值为1；否则为0。

通过以上过程，每个收集来的邮件都可以转变成一个3 500维的特征向量，每个维度的值是1或0。

现在，输入数据就可以被计算机识别了，不过标签仍是文字。大多数机器学习算法要求将标签转化为数字格式才能正常运行，比如用数字0和1表示"非垃圾邮件"和"垃圾邮件"。接下来，我们要以**支持向量机**（Support Vector Machine，SVM）算法为例进行具体解释。该算法需要用数字+1（正数1）表示阳性标签（"垃圾邮件"），而阴性标签（"非垃圾邮件"）为-1（负数1）。

转化之后，我们就有了一个数据集和一个算法。下一个问题是，如何利用这个算法从该数据集中学习模型。

SVM算法将每个特征向量看成一个高维度空间中的一个点（在我们的例子中，该空间有3 500维）。算法把所有的点画在一个3 500维的空间中，再用一个3 499维的超平面（hyperplane）将阳性样本和阴性样本分开。在机器学习术语中，分隔两类样本的边界叫作决策边界（decision boundary）。

该超平面可以用以下线性方程来描述。该方程中含有两个参数，一个实数向量$\boldsymbol{w}$，与输入特征向量$\boldsymbol{x}$具有的维度相同，以及一个实数b：

$$\boldsymbol{wx} - b = 0$$

其中，$\boldsymbol{wx}$的意义是$w^{(1)}x^{(1)} + w^{(2)}x^{(2)} + \cdots + w^{(D)}x^{(D)}$，$D$为特征向量$\boldsymbol{x}$的维度。

如果读者现在对某些公式还不太理解，没关系。在第2章中，我们会系统复习机器学习所用到的数学和统计学概念。请暂且试着理解，读过第2章之后就容易多了。

现在，我们可以用以下公式来预测某个输入特征向量 $\boldsymbol{x}$ 的标签了：

$$y = \text{sign}(\boldsymbol{wx} - b)$$

这里的 sign 是一个数学运算，用来取一个数值的符号。如果数值为正，就返回 +1；如果数值为负，就返回 -1。

SVM 算法的训练目标是利用数据集找到参数 $\boldsymbol{w}$ 和 b 的最优值 $\boldsymbol{w}^*$ 和 b^*。找到之后，我们的**模型**（model）$f(\boldsymbol{x})$ 变成以下形式：

$$f(\boldsymbol{x}) = \text{sign}(\boldsymbol{w}^*\boldsymbol{x} - b^*)$$

接下来，使用训练好的模型预测一封邮件是不是垃圾邮件。我们只需要把邮件文字转化成特征向量，与 $\boldsymbol{w}^*$ 相乘，再减去 b^*。最后，sign 运算得到了一个预测结果（+1 代表“垃圾邮件”，-1 代表“非垃圾邮件”）。

那么，要怎么找到最优值 $\boldsymbol{w}^*$ 和 b^* 呢？这是一个有约束的优化（optimization）问题，可用计算机解决。

这里的约束是什么？首先，我们想要训练后的模型能准确地预测1万个样本的标签。每个样本 $i = 1, \cdots, 10\,000$ 的格式是一对（$\boldsymbol{x}_i$，y_i），其中 $\boldsymbol{x}_i$ 是特征向量、y_i 是值为 +1 或 -1 的标签。那么，这里的约束可以被表示为：

$$\boldsymbol{wx}_i - b \geqslant +1, \quad 当\ y_i = +1\ 时$$
$$\boldsymbol{wx}_i - b \leqslant -1, \quad 当\ y_i = -1\ 时$$

与此同时，我们也希望分割正负样本的超平面**间隔**（margin）最

大。该间隔由决策边界定义为两类样本的最近距离。间隔大的模型具有更好的**泛化性**（generalization），也就是模型对新样本的处理能力更强。为此，我们需要最小化 $\mathbf{w}$ 的欧几里德范数（Euclidean norm）$\|\mathbf{w}\|$，可通过计算 $\sqrt{\sum_{j=1}^{D}(w^{(j)})^2}$ 得出。

这样依赖，我们需要计算机解决的优化问题可以被写成：

$$\begin{aligned}&\text{minimize}\|\mathbf{w}\|\\&\text{s. t. } y_i(\mathbf{w}\mathbf{x}_i - b) \geqslant 1, \quad \text{对于 } i = 1,\cdots,N\end{aligned}$$

其中，表达式 $y_i(\mathbf{w}\mathbf{x}_i - b)\geqslant 1$ 同时包含了两个约束。

该优化问题的解 $\mathbf{w}^*$ 和 b^* 即为**统计模型**（statistical model），简称为**模型**。我们称构建该模型的过程为**训练**（training）。

图 1.1 展示了一个 SVM 模型的图例。在图 1.1 中，特征向量为二

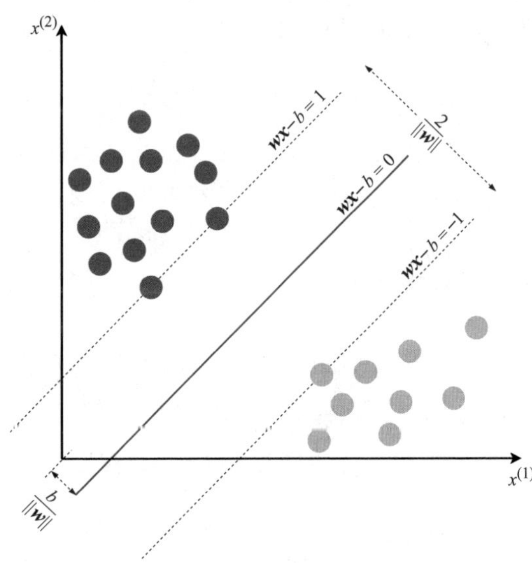

图 1.1　一个对二维特征向量进行分类的 SVM 模型实例

维。其中，蓝色和红色的圆圈分别表示正负样本；红线代表决策边界，用 $\boldsymbol{wx}-b=0$ 表示。

那么，为什么将 $\boldsymbol{w}$ 的范数最小化可以帮我们找到正负样本之间的最大间隔呢？如图 1.1 所示，$\boldsymbol{wx}-b=1$ 和 $\boldsymbol{wx}-b=-1$ 定义了两个相互平行的超平面。在几何学中，两个超平面的距离是 $\frac{2}{\|\boldsymbol{w}\|}$。因此，范数 $\|\boldsymbol{w}\|$ 越小，超平面间的距离越大。

以上是支持向量机的基本原理。使用该算法构建的模型可称为**线性模型**（linear model）。之所以称为线性，是因为它的决策边界是一条直线（也可能是一个平面或超平面）。SVM 也可以通过利用加入**核**（kernel）来获得任意非线性的决策边界。很多情况下，由于数据中的噪声、错误的标注以及**极端值**（outlier）（与数据集中其他样本截然不同的样本），我们无法完全区分两类样本。另一个版本的 SVM 可以通过超参数①对训练样本中对某些特定类别的分类失误进行惩罚。我们会在第 3 章中学习更多关于 SVM 的具体内容。

从原则上来说，任何一个分类学习模型都直接或间接地构建一个决策边界。决策边界可能是一条直线或者弧线，可能具有更复杂的形态，也可能由多个几何形态叠加组成。该边界的形式决定了模型的**准确率**（accuracy，准确预测样本占总样本数的比率）。各种学习算法的区别在于计算决策边界的方法有所不同。

在实践中，还有两个区分学习算法的因素需要考虑：模型构建所需时间和预测所需时间。在许多实际案例中，我们可能因为需要一个可以快速生成的模型或者可以快速做出预测的模型，从而选择准确率

---

① 一个超参数是一个学习算法的属性，通常（但不一定）是一个数值。数值的大小影响着算法的运行。超参数的具体取值不是通过数据学习到的，而是需要数据科学家在算法运行前预先设定。

偏低的模型。

1.4 为什么模型可以应用于新数据

为什么机器学习得到的模型可以准确预测新数据的标签呢？答案同样可以从图 1.1 中看出。显而易见，由于两类样本被决策边界分隔，每个类别的样本位于各自的子空间中。如果训练样本是随机抽取而且相互独立，在统计学上，新的负样本在同样空间内的位置很可能位于其他负样本附近。同理，新的正样本也更可能被其他正样本所包围。从而，决策边界有很高概率区分正负新样本。不过，我们的模型也会判断失误，不过可能性较低，远低于判断正确的情况。

可想而知，训练样本的数量越多，出现与训练样本截然不同（在图表中远离同类样本）的新样本的可能性就越低。

为将失误的概率最小化，SVM 算法试图将间隔最大化。换句话说，决策边界的位置需要距离两个类别的样本都尽量远。

除此之外，模型失误还与其他因素相关，比如训练集大小、定义模型的数学方程式、模型训练时间等。想对造成模型失误的原因以及**可学习性**（learnability）进行更多了解的读者可以参考 PAC（Probably Approximately Correct）学习。PAC 理论着重分析一个学习算法在什么情况下可以生成一个近似正确的模型。

第2章 符号和定义

2.1 符 号

我们在本章复习机器学习中常用到的一些数学符号。

2.1.1 数据结构

一个**标量**（scalar）是单独的数值，像15或者－3.25。我们用一个斜体小写字母表示一个标量变量或者常数，例如x或a。

一个**向量**（vector）是一个由若干元素组成的有序列表（ordered list）。每个元素是一个标量，代表一个特征。我们用粗体小写字母代表一个向量，如$\mathbf{x}$或$\mathbf{w}$。我们可以把一个向量想象成一个高维空间中的点，以及指向该点的方向。例如，图2.1中的3个向量，分别是$\mathbf{a}=[2,3]$、$\mathbf{b}=[-2,5]$和$\mathbf{c}=[1,0]$。我们用一个斜体小写字母和一个索引一起代表向量中的元素，比如$w^{(i)}$和$x^{(j)}$。其中，索引i和j表示向量中的特定维度，也是该特征在有序列表中的位置。以图2.1中红色的向量$\mathbf{a}$为例，$\mathbf{a}^{(1)}$和$\mathbf{a}^{(2)}$分别等于2和3。

需要注意的是，$x^{(j)}$不是幂运算，比如x^2（平方）或x^3（立方）等。当我们需要对一个向量中特定元素进行幂运算时，我们用$(x^{(j)})^2$

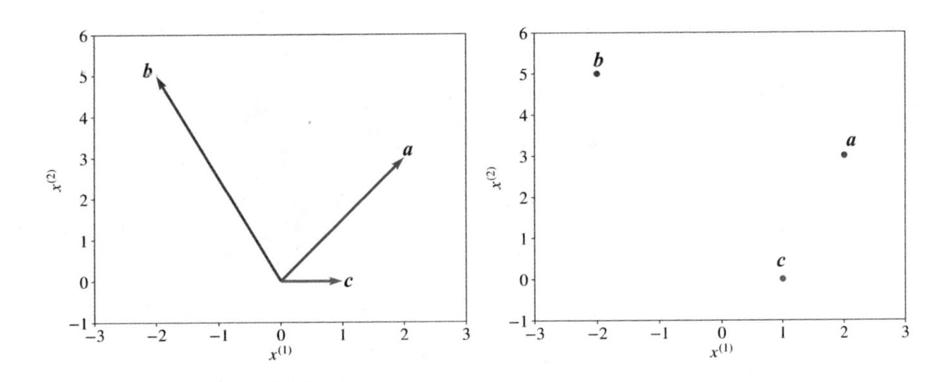

图2.1　3 个向量可以被想象为 3 个方向或者 3 个点

来表示。

一个变量可能有两个或更多索引，比如 $x_i^{(j)}$ 或 $x_{i,j}^{(k)}$。在神经网络中，我们用 $x_{l,u}^{(j)}$ 表示第 l 层神经元中第 u 个单元的第 j 维输入特征。

一个**矩阵**（matrix）是一个排列由行和列组成的矩形数组（array）。下面例子中的矩阵由两行三列组成。

$$\begin{bmatrix} 2 & 4 & -3 \\ 21 & -6 & -1 \end{bmatrix}$$

我们用粗体大写字母表示矩阵，比如 $\boldsymbol{A}$ 和 $\boldsymbol{W}$。

一个集合（set）是指包含多个独特元素的无序集体（unordered collection）。我们用书法体的大写字母（如 $\mathcal{S}$）来表示一个集合。我们可以在大括号中列出一个有限集合包括的所有元素，比如 {1，3，18，23，235} 和 $\{x_1, x_2, x_3, x_4, \cdots, x_n\}$。此外，集合也可以包括某个范围值内的无数个元素。如果一个集合包含两个数值 a 与 b 之间的所有值，包括 a 和 b 本身，那么我们可以在中括号中表示为 $[a, b]$；如果 a 和 b 不被包括在内，我们则在小括号表示为 (a, b)。举个例子，集合 [0，1] 可以包括以下元素：0、0.000 1、0.25、0.784、0.999 5

和1.0。此外，我们用符号 $\mathbb{R}$ 表示一个常用的特殊集合，该集合包括负无穷和正无穷间的所有实数。

$x \in S$ 表示“x 属于一个集合 S”。两个集合 S_1 和 S_2 的交集（intersection）是一个新的集合 S_3，表示为 $S_3 \leftarrow S_1 \cap S_2$。例如，$\{1, 8\} \leftarrow \{1, 3, 5, 8\} \cap \{1, 8, 4\}$。

S_1 和 S_2 的并集（union）也是一个新的集合 S_3，表示为 $S_3 \leftarrow S_1 \cup S_2$。例如，$\{1, 3, 4, 5, 8\} \leftarrow \{1, 3, 5, 8\} \cup \{1, 8, 4\}$。

2.1.2 大写西格玛（Σ）符号

对一个集合 $\boldsymbol{X} = \{x_1, x_2, \cdots, x_{n-1}, x_n\}$，或一个向量 $\boldsymbol{x} = [x^{(1)}, x^{(2)}, \cdots, x^{(m-1)}, x^{(m)}]$ 中所有元素的求和运算，可以用Σ表示：

$$\sum_{i=1}^{n} x_i \overset{\text{def}}{=} x_1 + x_2 + \cdots + x_{n-1} + x_n$$

或者

$$\sum_{j=1}^{m} x^{(j)} \overset{\text{def}}{=} x^{(1)} + x^{(2)} + \cdots + x^{(m-1)} + x^{(m)}$$

其中，符号 $\overset{\text{def}}{=}$ 的意思是“定义为”（is defined as）。

2.1.3 大写派（Π）符号

大写字母派（Π）所表示的运算与Σ相似。Π 运算对一个集合或向量中所有元素求积：

$$\prod_{i=1}^{n} x_i \overset{\text{def}}{=} x_1 \cdot x_2 \cdot \cdots \cdot x_{n-1} \cdot x_n$$

其中，$a \cdot b$ 表示 a 乘以 b。一般地，我们用更简洁的方式 ab 来表示 a 乘以 b。

2.1.4 集合运算

一个集合可以通过运算衍生出新的集合。例如：$S' \leftarrow \{x^2 \mid x \in S, x > 3\}$。该表达式的意思是，把集合 S 中所有大于 3 的元素取平方值，然后组成新的集合 S'。$|S|$符号表示集合 S 中元素的个数。

2.1.5 向量运算

向量的加法：$\boldsymbol{x}+\boldsymbol{z}=[x^{(1)}+z^{(1)}, x^{(2)}+z^{(2)}, \cdots, x^{(m)}+z^{(m)}]$

向量的减法：$\boldsymbol{x}-\boldsymbol{z}=[x^{(1)}-z^{(1)}, x^{(2)}-z^{(2)}, \cdots, x^{(m)}-z^{(m)}]$

一个向量与一个标量的乘积是一个向量，例如：

$$\boldsymbol{x}c \stackrel{\text{def}}{=} [cx^{(1)}, cx^{(2)}, \cdots, cx^{(m)}]$$

两个向量的点积（dot product）或内积（inner product）是一个标量，例如 $\boldsymbol{wx} \stackrel{\text{def}}{=} \sum_{i=1}^{m} w^{(i)}x^{(i)}$。有的教科书用 $\boldsymbol{w} \cdot \boldsymbol{x}$ 来表示点积。需注意的是，两个向量必须具有相同维度，否则它们的点积不存在。

一个矩阵 $\boldsymbol{W}$ 与一个向量 $\boldsymbol{x}$ 的乘积是一个向量。比如，给定一个矩阵：

$$\boldsymbol{W} = \begin{bmatrix} w^{(1,1)} & w^{(1,2)} & w^{(1,3)} \\ w^{(2,1)} & w^{(2,2)} & w^{(2,3)} \end{bmatrix}$$

当一个向量与一个矩阵进行运算时，我们通常用一个列向量或只有一列的矩阵来表示这个向量。只有当这个列向量的行数与矩阵的列数相等时，矩阵与向量相乘才是有效运算。假设我们的向量 $\boldsymbol{x} \stackrel{\text{def}}{=} [x^{(1)}, x^{(2)},$

$x^{(3)}$]，则 $\boldsymbol{Wx}$ 的结果是一个二维向量。该运算的具体过程为：

$$\begin{aligned}\boldsymbol{Wx} &= \begin{bmatrix} w^{(1,1)} & w^{(1,2)} & w^{(1,3)} \\ w^{(2,1)} & w^{(2,2)} & w^{(2,3)} \end{bmatrix}\begin{bmatrix} x^{(1)} \\ x^{(2)} \\ x^{(3)} \end{bmatrix} \\ &\stackrel{\text{def}}{=} \begin{bmatrix} w^{(1,1)}x^{(1)} + w^{(1,2)}x^{(2)} + w^{(1,3)}x^{(3)} \\ w^{(2,1)}x^{(2)} + w^{(2,2)}x^{(2)} + w^{(2,3)}x^{(3)} \end{bmatrix} \\ &= \begin{bmatrix} \boldsymbol{w}^{(1)}\boldsymbol{x} \\ \boldsymbol{w}^{(2)}\boldsymbol{x} \end{bmatrix}\end{aligned}$$

乘积的维度与矩阵的行数相同。比如，如果 $\boldsymbol{W}$ 有五行，与 $\boldsymbol{x}$ 的乘积就是一个五维向量。

在矩阵乘法中，如果一个向量在矩阵的左侧，它需要**转置**（transpose）之后才能与向量相乘。我们用 $\boldsymbol{x}^{\mathrm{T}}$ 表示 $\boldsymbol{x}$ 的转置向量。例如：

$$x = \begin{bmatrix} x^{(1)} \\ x^{(2)} \end{bmatrix}, \quad 则\ x^{\mathrm{T}} \stackrel{\text{def}}{=} [x^{(1)}, x^{(2)}]$$

向量 $\boldsymbol{x}$ 与矩阵 $\boldsymbol{W}$ 相乘可以表示为 $\boldsymbol{x}^{\mathrm{T}}\boldsymbol{W}$。具体过程如下：

$$\begin{aligned}\boldsymbol{x}^{\mathrm{T}}\boldsymbol{W} &= [x^{(1)}, x^{(2)}]\begin{bmatrix} w^{(1,1)} & w^{(1,2)} & w^{(1,3)} \\ w^{(2,1)} & w^{(2,2)} & w^{(2,3)} \end{bmatrix} \\ &\stackrel{\text{def}}{=} [w^{(1,1)}x^{(1)} + w^{(2,1)}x^{(2)}, w^{(1,2)}x^{(1)} + w^{(2,2)}x^{(2)}, w^{(1,3)}x^{(1)} + w^{(2,3)}x^{(2)}]\end{aligned}$$

正如我们所看到的，矩阵的维度与矩阵的行数相同。只有这样，该乘法才是有效运算。

2.1.6 函数

一个函数（function）可以定义一个集合 X 中的元素 x，和另一个

集合 Y 中的元素 y 之间的关系。我们称 X 是该函数的定义域（domain），Y 是值域（co-domain）。通常每个函数都会被命名。比如说，我们将一个函数命名为 f，该函数的表达式为 $y=f(x)$，读作"y 是 x 的函数"。其中，x 是自变量（argument），或输入值；y 是函数值，或输出值。

我们也常将输入称为函数的变量（variable）。例如：x 是函数 f 的变量。

如果在一个与 $x=c$ 临近的开区间内，所有 x 都满足 $f(x)\geqslant f(c)$，我们称 $x=c$ 是 $f(x)$ 的**局部最小值**（local minimum）。一个**区间**（interval）是一个符合以下性质的实数集合：集合中两个数之间的任意数也属于该集合。一个**开区间**（open interval）不包括定义该区间的两个端点，在括号内表示。譬如：(0，1）定义了一个包括所有大于 0 却小于 1 的实数开区间。所有局部最小值中的最小值是**全局最小值**，如图 2.2 所示。

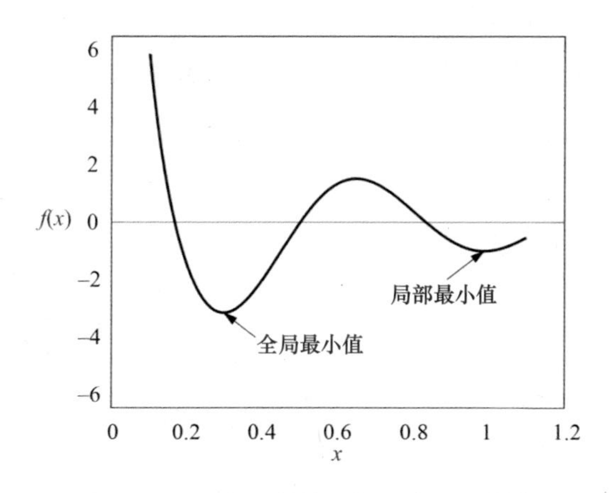

图2.2　一个函数的局部和全局最小值

$\boldsymbol{y}=f(x)$ 表示函数的输出为一个向量 $\boldsymbol{y}$。输入的自变量可以是一个向量或一个标量。

2.1.7 max 和 argmax

给定一个集合 $A=\{a_1, a_2, \cdots, a_n\}$，运算符 $\max\limits_{a \in A} f(a)$ 的输出是：以 A 中所有元素为输入，$f(a)$ 可能得到的最大值。$\operatorname*{argmax}\limits_{a \in A} f(a)$ 则返回使 $f(a)$ 最大的元素 a。

如果该集合没有明确定义或是无限集合，我们写作 $\max\limits_{a} f(a)$ 和 $\operatorname*{argmax}\limits_{a} f(a)$。

运算符 min 和 argmin 的用法与 max 和 argmax 相似。

2.1.8 赋值运算符

运算符 $a \leftarrow f(x)$ 的意义是，变量 a 新的值取自函数 $f(x)$。我们称 a 被赋予了新的值。同样，$\mathbf{a} \leftarrow [a_1, a_2]$ 表示一个向量变量被赋予了一个二维向量值 $[a_1, a_2]$。

2.1.9 导数和梯度

一个函数的导数（derivative）f' 是一个函数或一个描述 f 增长（或减少）速度的值。如果导数是一个恒量，比如 5 或 -3，那么原函数 f 在定义域内任意点 x 的增长（或减少）速度都是固定的。如果导数 f' 是一个函数，f 在定义域内不同区域的增长速度则不同。如果导数 f' 在某点 x 的值为正，f 在此处增长；如果导数为负，则 f 在此处减少。如果导数在 x 处为 0，就表示原函数在 x 点的斜率（slope）是水平的。

计算导数的过程称为求导（differentiation）。

一些基本函数的导数是已知的。例如，如果$f(x)=x^2$，则$f'(x)=2x$；如果$f(x)=2x$，则$f'(x)=2$；如果$f(x)=2$，则$f'(x)=0$（所有常值函数$f(x)=c$的导数都是0）。

我们可以利用**链式法则**（chain rule）来求复合函数的导数。具体来说，令$F(x)=f(g(x))$，f和g都是函数，则$F'(x)=f'(g(x))g'(x)$。举个例子，如果$F(x)=(5x+1)^2$，那么$g(x)=5x+1$且$f(g(x))=(g(x))^2$。利用链式法则，我们得到$F'(x)=2(5x+1)g'(x)=2\times(5x+1)\times 5=50x+10$。

如果一个函数含有多个输入变量（或一个复杂形式的输入，如向量等），那么它的导数的推广（generalization）是**梯度**（gradient）。一个函数的梯度是一个向量。向量的每个元素都是一个偏导数。求一个函数的偏导函数的过程是，针对其中一个输入变量求导数，同时保持其他变量不变。

例如，我们令一个函数$f([x^{(1)},x^{(2)}])=ax^{(1)}+bx^{(2)}+c$，$\frac{\partial f}{\partial x^{(1)}}$表示对$x^{(1)}$求函数$f$的偏导数，则：

$$\frac{\partial f}{\partial x^{(1)}}=a+0+0=a$$

其中，a是函数$ax^{(1)}$的导数；两个0分别是$bx^{(2)}$和c的导数。由于我们在对$x^{(1)}$求偏导时，会将$x^{(2)}$视为一个恒定值，因此$bx^{(2)}$的导数为0。

同样，我们用$\frac{\partial f}{\partial x^{(2)}}$表示对$x^{(2)}$求函数$f$的偏导数，则：

$$\frac{\partial f}{\partial x^{(2)}}=0+b+0=b$$

最后，函数f的梯度，表示为∇f，是一个向量$\left[\frac{\partial f}{\partial x^{(1)}},\frac{\partial f}{\partial x^{(2)}}\right]$。

在第4章中，我们会具体介绍如何应用链式法则求偏导数。

2.2 随机变量

一个随机变量（random variable）值是一个随机现象（random phenomenon）的数量表现，通常用一个斜体大写字母（如 X）表示。随机变量有两种：**离散型**（discrete）和**连续型**（continuous）。

一个离散型随机变量（discrete random variable）的可能值个数是有限的或可数无穷的。例如，红色，黄色，蓝色或者1，2，3等。

我们用一组概率描述一个离散型随机变量的**概率分布**（probability distribution），每个概率对应一个特定的可能值，也称为概率质量函数（probability mass function，pmf）。例如，$\Pr(X=\text{红色})=0.3$，$\Pr(X=\text{黄色})=0.45$，$\Pr(X=\text{蓝色})=0.25$等。概率质量函数中每个概率都大于或等于0，且满足所有概率的和为1［见图2.3（a）］。

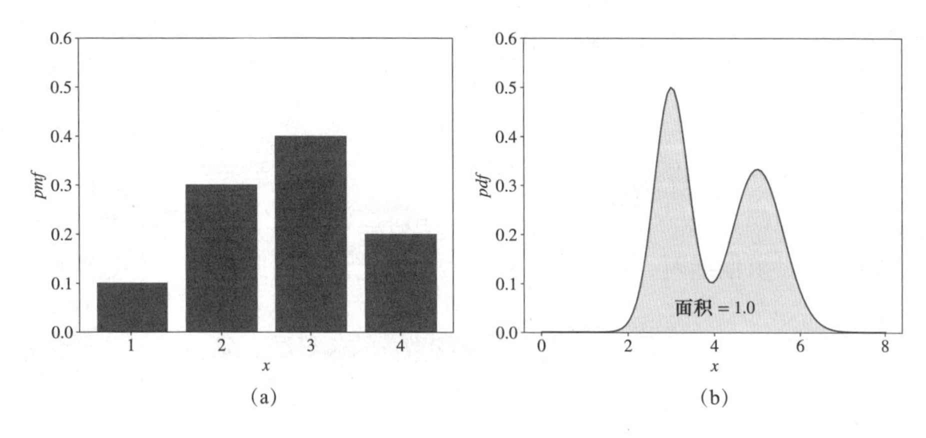

图2.3　一个概率质量函数和一个概率密度函数

一个**连续型随机变量**（continuous random variable）在一定范围内的可能值不能逐个列举，如身高、体重和时间等。因为一个连续型随

机变量 X 的可能取值有无数个，所以任何可能值 c 的概率 $\Pr(X=c)$ 都是0。我们用一个**概率密度函数**（probability density function，pdf）来描述它的概率分布。概率密度函数具有非负数的值域，且曲线下的面积为1［见图2.3（b）］。

我们假设一个离散型随机变量 X 有 k 种可能值，表示为 $\{x_i\}_{i=1}^{k}$。我们定义 X 的期望（expectation）$\mathbb{E}[X]$ 为：

$$\mathbb{E}[X] \stackrel{\text{def}}{=} \sum_{i=1}^{k} \boldsymbol{x}_i \cdot \Pr(X=x_i) = x_1 \cdot \Pr(X=x_1) + x_2 \cdot \Pr(X=x_2) + \cdots + x_k \cdot \Pr(X=x_k) \tag{2.1}$$

其中，$\Pr(X=\boldsymbol{x}_i)$ 表示根据pmf，X 值为 x_i 的概率。一个随机变量的期望值又称为**平均值**（mean，average），通常用希腊字母 μ 表示。期望值是随机变量最重要的**统计特征**（statistics）之一。

另一个重要的统计特征是**标准偏差**（standard deviation），定义为：

$$\sigma \stackrel{\text{def}}{=} \sqrt{\mathbb{E}[(X-\mu)^2]}$$

方差（variance），表示为 σ^2 或 $\text{var}(X)$，定义为：

$$\sigma^2 = \mathbb{E}[(X-\mu)^2]$$

计算一个离散型随机变量标准偏差的方法是：

$$\sigma = \sqrt{\Pr(X=x_1)(x_1-\mu)^2 + \Pr(X=x_2)(x_2-\mu)^2 + \cdots + \Pr(X=x_k)(x_k-\mu)^2} \tag{2.2}$$

其中，$\mu = \mathbb{E}[X]$。

我们令一个连续型随机变量 X 的期望为：

$$\mathbb{E}[X] \stackrel{\text{def}}{=} \int_{\mathbb{R}} x f_X(x)\,\mathrm{d}x \tag{2.3}$$

其中，f_X 是变量 X 的 pdf，$\int_{\mathbb{R}}$ 则是函数 xf_X 的**积分**（integral）运算。

如果一个函数具有连续定义域，积分可以看作是该函数所有值的总和。积分也等于表示该函数曲线下的面积。概率密度函数的曲线下面积为 1，该特征在数学上表示为 $\int_{\mathbb{R}} f_X(x)\,\mathrm{d}x = 1$ 。

大多数时候，f_X 是未知的，不过我们可以观察到部分 X 的值。在机器学习中，我们称这些值为**样本**（example）。若干样本组成一个**样本集**（sample）或**数据集**（dataset）。

2.3 无偏估计值

在大多数情况下，我们只能通过观察到的样本 $S_X = \{x_i\}_{i=1}^{N}$ 来理解未知的 f_X。因此，我们并不满足于统计特征，如期望值等。我们更感兴趣的是它们的**无偏估计值**（unbiased estimator）。

假如我们从一个未知的统计分布中抽取样本 S_X，并计算得到一些统计特征 θ。只有当以下等式成立时，我们称 $\hat{\theta}(S_X)$ 是一个无偏估计值。

$$\mathbb{E}[\hat{\theta}(S_X)] = \theta$$

其中，$\hat{\theta}$ 是**样本统计特征**（sample statistic）。需要区分的是，计算 $\hat{\theta}$ 只需要样本 S_X 即可，而真正的统计特征 θ 只有在 X 已知的情况下才能得到。期待值需要从 X 的所有样本中获得。直观地，如果我们有无数个样本，再用每个样本计算一个无偏估计值，如 $\hat{\mu}$，那么 X 的真正 μ 值可以通过计算所有 $\hat{\mu}$ 的均值得出。

从公式2.1或2.3中我们不难看出，一个未知的$\mathbb{E}[X]$可以通过计算$\frac{1}{N}\sum_{i=1}^{N}x_i$得出［也称为**样本均值**（sample mean）］。

2.4 贝叶斯准则

条件概率（conditional probability）是指在一个随机变量Y等于y的前提下，另一个随机变量X等于某个特定值x的概率，可表示为$\Pr(X=x\mid Y=y)$。**贝叶斯规则**（Bayes' Rule）也称为**贝叶斯定理**（Bayes' Theorem），规定：

$$\Pr(X=x\mid Y=y)=\frac{\Pr(Y=y\mid X=x)\Pr(X=x)}{\Pr(Y=y)}$$

2.5 参数估计

贝叶斯准则适用于一个表示X分布，且含一个向量θ为参数的模型f_θ。譬如，含有两个参数μ和σ的高斯函数（Gaussian function）定义为

$$f_\theta(x)=\frac{1}{\sqrt{2\pi\sigma^2}}\mathrm{e}^{-\frac{(x-\mu)^2}{2\sigma^2}}$$

其中，$\theta\stackrel{\text{def}}{=}[\mu,\sigma]$。

该函数具有一个概率密度函数的全部特质。所以，我们可以用它作为一个未知分布X的模型。利用贝叶斯准则，我们可以从数据中更新参数向量θ中的参数：

$$\Pr(\theta=\hat{\theta}\mid X=x)\leftarrow\frac{\Pr(X=x\mid\theta=\hat{\theta})\Pr(\theta=\hat{\theta})}{\Pr(X=x)}$$

$$= \frac{\Pr(X = x \mid \theta = \hat{\theta})\Pr(\theta = \hat{\theta})}{\sum_{\tilde{\theta}} \Pr(X = x \mid \theta = \tilde{\theta})\Pr(\theta = \tilde{\theta})} \tag{2.4}$$

其中，$\Pr(X = x \mid \theta = \hat{\theta}) \stackrel{\text{def}}{=} f_{\hat{\theta}}$。

如果我们有 X 的样本 S，且 θ 的可能值有限，通过迭代地应用贝叶斯准则，我们可以很容易地估计 $\Pr(\theta = \hat{\theta})$。每个迭代只需要一个样本 $s \in S$。$\Pr(\theta = \hat{\theta})$ 的初始值可以根据 $\sum_{\hat{\theta}} \Pr(\theta = \hat{\theta}) = 1$ 预估。不同的 $\hat{\theta}$ 的预估概率称为**先验概率**（prior）。

首先，我们对所有可能的 $\hat{\theta}$ 值计算 $\Pr(\theta = \hat{\theta} \mid X = x_1)$。接下来，我们利用公式 2.4 和 $x = x_2 \in S$ 为 $\Pr(\theta = \hat{\theta} \mid X = x)$ 进行一次更新。不过，在更新之前，我们先用新的预估 $\Pr(\theta = \hat{\theta}) \leftarrow \frac{1}{N} \sum_{x \in S} \Pr(\theta = \hat{\theta} \mid X = x)$ 来更新先验概率 $\Pr(\theta = \hat{\theta})$。

给定一个样本，我们可以利用**极大似然数**（maximum likelihood）原理得到最优的参数值 θ^*：

$$\theta^* = \underset{\theta}{\operatorname{argmax}} \prod_{i=1}^{N} \Pr(\theta = \hat{\theta} | X | = x_i) \tag{2.5}$$

如果 θ 有无限个可能值，我们则需要利用数值优化方法［如梯度下降（gradient descent）等］直接优化公式 2.5。具体方法我们会在第 4 章详细介绍。一般情况下，我们会优化公式 2.5 中右手边的自然对数。这是因为，两个数乘积的对数等于它们对数的和。对于计算机来说，加法运算比起乘法运算高效得多①。

① 多个数的乘积可能很大或很小，当计算机无法储存这些极限值时，就可能出现数值溢出错误。

2.6 参数与超参数

一个超参数是一个学习算法的特性，通常是一个数值（也有例外）。它可以影响算法的运行。超参数不能通过算法和数据来学习，而需要数据科学家在运行算法前设定。在第 5 章中我们会详细解释。

模型由学习算法学得，参数则是定义一个模型的变量。参数由学习算法根据训练数据直接修改。学习算法的目标正是找到一组可以使模型表现最优的参数。

2.7 分类 vs. 回归

分类（classification）问题是自动为**无标签样本**（unlabeled example）选择**标签**（label）的问题。譬如，我们之前提到的筛选垃圾邮件问题就是一个分类问题。

在机器学习中，分类问题由**分类学习算法**（classification algorithm）解决。这些算法利用一些**有标签的样本**（labeled example）作为输入，生成一个**模型**（model）。接着，生成的模型可以直接为无标签的样本进行标注，或者输出一个可以作为人工标注依据的数值（比如一个概率）。

分类问题中的标签是一个有限集里的**类别**（classe）。如果类别集里只包括两个类别（“生病”/“健康”，“垃圾”/“非垃圾”），我们称该问题为**二分类问题**（binary classification）[有的教科书称其为**二项分类**（binomial）]。如果一个分类问题有 3 个或更多可选类别[①]，我们

① 每个样本仍只有一个标签。

称该问题为**多分类问题**（multiclass classification）。

有些分类学习算法可以直接用于多分类，更多的算法本质上只适用于二分类。通过一些策略，我们可以用二分类算法来解决多分类问题。具体方法我们会在第7章讲解。

回归（regression）问题同样需要对无标签样本进行预测，只不过标签是个实数值（常称为目标）。比如，根据房屋的户型、面积和位置等特征预测房价的问题就是一个很典型的回归问题。

回归学习算法（regression learning algorithm）通过有标签的输入数据学习模型，并用生成的模型对无标签样本进行预测。

2.8 基于模型学习 vs. 基于实例学习

绝大多数的监督学习算法都是基于模型学习，包括我们在第1章中介绍的SVM算法。基于模型的学习算法从训练数据中学习模型的参数并产生模型。以SVM为例，算法学得的两个参数分别为 $\mathbf{w}^*$ 和 b^*。

相比之下，基于实例学习的算法直接利用整个数据集作为模型。一个比较常用的基于实例的算法是**k近邻**（k-Nearest Neighbor，kNN）。在对一个样本进行分类时，kNN先在训练数据集中找出 k 个与新样本的特征数据最相似的“邻居”。从这些邻居的标签中，kNN选择占多数的为预测标签。

2.9 浅层学习 vs. 深度学习

浅层学习（shallow learning）算法直接从训练样本的特征中学习模型的参数。大多数监督学习的算法属于这一类。**神经网络**（neural network）是一个例外，特别是那种输入和输出之前有很多**层**（layer）结构的网络，我们称其为**深度神经网络**（deep neural networks）。深度神经网络学习（简称为“深度学习”）与浅层学习的根本区别是，绝大多数的模型参数从网络中前一层的输出学得，而不是从训练样本的特征中直接学习。

我们会在第6章中重点介绍神经网络模型。

第3章
基本算法

在本章中，我们将介绍5种常见的机器学习算法。它们不但本身非常有效，也常用于构建更复杂的算法。

3.1 线性回归

线性回归（linear regression）是一种流行的回归算法，从样本特征的线性组合（linear combination）中学习模型。

3.1.1 问题陈述

给定一个有标签的样本集 $\{(\mathbf{x}_i, y_i)\}_{i=1}^N$，$N$ 是总样本数量，$\mathbf{x}_i$ 是每个样本 $i=1, \cdots, N$ 的 D 维特征向量。y_i 是一个实数标签①，每个特征 $x_i^{(j)}$，$j=1, \cdots, D$ 也是一个实数。

我们想要得到一个基于样本特征 x 的线性组合的模型 $f_{\mathbf{w},b}(\mathbf{x})$：

---

① 我们用 $y_i \in \mathbb{R}$ 来表示 y_i 的值是一个实数。其中，$\mathbb{R}$ 代表所有实数的集合，是一个从负无穷到正无穷的无限集。

$$f_{w,b}(x) = \boldsymbol{w}\boldsymbol{x} + b \tag{3.1}$$

$f_{w,b}$表示f是一个参数化的模型，有 $\boldsymbol{w}$ 和 b 两个参数。其中，$\boldsymbol{w}$ 是一个维度等于 D 的向量，b 是一个实数。

利用该模型，我们可以对含有未知标签 y 的样本 $\boldsymbol{x}$ 进行预测，表示为 $y \leftarrow f_{w,b}(\boldsymbol{x})$。在输入样本相同时，两个含有不同参数组（$\boldsymbol{w}$，$b$）的模型的预测结果很可能截然不同。学习的目的是找到一组最优参数（$\boldsymbol{w}^*$，b^*）。当参数最优时，模型的预测最准确。

细心的读者可能发现式 3.1 中定义的线性模型与 SVM 模型相差无几，只是缺少 sign 运算。的确，这两个模型非常相似，主要区别在于 SVM 的超平面是决策边界，用于分隔两类样本。因此，它与两类样本间的距离越远越好。

而另一方面，我们希望线性回归中的超平面离所有训练样本越近越好。图 3.1 很直观地解释了这一点。图中呈现了多个一维训练样本（蓝点）和它们的回归线（红线）。利用回归线，我们可以预测新样本 x_{new}的标签 y_{new}。如果样本的特征是 D 维（$D>1$），训练得到的线性模型则是一个平面（二维特征向量）或一个超平面（$D>2$）。

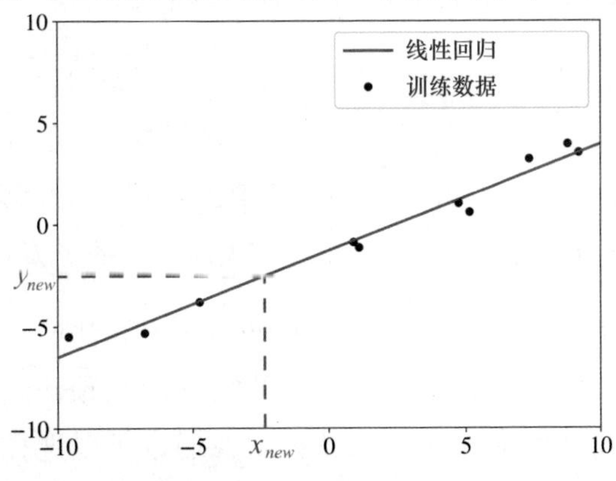

图 3.1　10 个一维样本的线性回归

这就是为什么回归模型中的超平面与训练样本越近越好：如果图3.1中的红线远离代表训练数据的蓝点，预测标签 y_{new} 正确的机会就会减少。

3.1.2 解决方案

为满足回归超平面需要尽量靠近训练样本这一需求，我们通过最小化以下表达式来求最优参数 $\boldsymbol{w}^*$ 和 b^*：

$$\frac{1}{N}\sum_{i=1\cdots N}(f_{\boldsymbol{w},b}(\boldsymbol{x}_i)-y_i)^2 \tag{3.2}$$

在数学中，我们称需要最大化或最小化的表达式为**目标函数**（objective function），或简称为“目标”。在式3.2中，$(f_{\boldsymbol{w},b}(\boldsymbol{x}_i)-y_i)^2$ 为**损失函数**（loss function），用来惩罚一个错误的分类结果。具体来说，式3.2中用到的是一个**方差损失**（squared error loss）。所有基于模型的学习算法都有一个损失函数。为了找到最优模型，我们需要将整个目标函数［又称**成本函数**（cost function）］最小化。线性回归中的成本函数是平均损失，也称为**经验风险**（empirical risk）。一个模型的平均损失（经验风险）是将其应用于所有训练数据后累积的总损失的平均数。

那么，为什么线性回归的损失是一个二次函数（quadratic function）呢？为什么不用实际值 y_i 与预测值 $f(\boldsymbol{x}_i)$ 之差的绝对值计算惩罚呢？当然可以。我们甚至可以用立方替代损失中的平方运算。

读者可能已经发现，在设计一个机器学习算法时，我们做了许多看起来随意的决定。比如，使用特征的线性回归预测结果。我们同样可以使用平方或其他多项式组合特征。我们也可以选择其他有意义的损失函数，譬如 y_i 与 $f(\boldsymbol{x}_i)$ 差的绝对值和立方损失。同样，使用**二元**

损失（binary loss）（y_i 和 $f(\boldsymbol{x}_i)$ 的值不相等时为 1，否则为 0）不也很合理吗？

事实上，一旦我们选择了不同的模型或损失函数，或者用不同的算法来最小化平均损失从而得到最优函数，我们就创造了一个新的机器学习算法。是不是听起来很容易？不过，先别急着发明新算法，因为新的未必更好用。

通常，人们发明新的学习算法有两个目的。

- 新算法在解决一个特定实际问题时，效果比现有算法更好。
- 新算法有更好的理论基础，保证输出模型的质量。

我们选择线性模型的一个现实因素是它比较简单。当一个简单的模型满足需求的时候，何必舍近求远用一个复杂的模型呢？另外一个考虑是，使用线性模型不容易**过拟合**（overfitting）。一个过拟合的模型可以非常准确地预测训练样本的标签，却容易对新的样本判断错误。

图 3.2 中的回归模型是一个过拟合的例子。图中的训练数据（蓝点）与图 3.1 中见到的一样。区别在于，这里的回归模型（红线）是

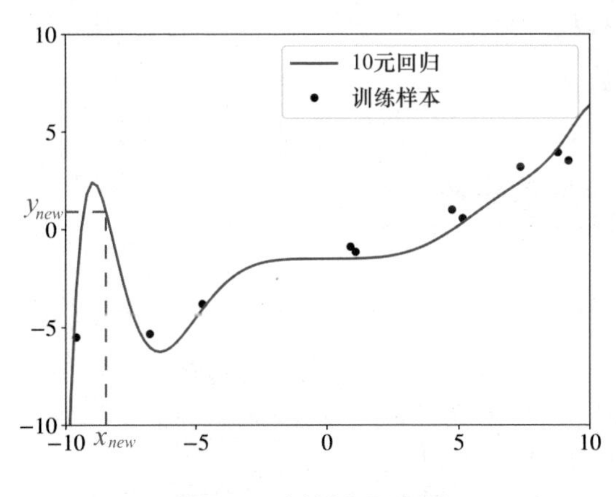

图 3.2　过拟合示意图

一个 10 元多项式回归（polynomial regression）。回归线对训练样本的预测结果近乎完美。不过，它却对新数据判断完全错误。我们会在第 5 章中继续讨论过拟合以及如何避免过拟合。

现在，我们知道线性模型很有用是因为它不容易过拟合。那么方差呢？为什么我们决定在损失函数里加一个平方？1805 年，法国数学家阿德利昂·玛利·勒让德（Adrien-Marie Legendre）首次使用平方求和的方法来评价一个模型的质量。他认为在求和之前把误差平方可使运算更方便。为什么这么说呢？绝对值之所以不方便运算的原因是，它的导数不连续，导致整个函数是不平滑的。在优化求解过程中，如果一个函数不平滑，就不能轻易地使用线性代数方法得到闭式解（closed form solution）。闭式解是代表一个函数最优解的代数表达式。相比复杂的数值优化方法［比如训练神经网络时常用到的**梯度下降**（gradient descent）］，闭式解更简单，效果也更好。

另一方面，平方惩罚放大了实际值与目标值之间的误差。我们也可以用 3 次或 4 次幂运算达到同一效果，只不过它们的导数更复杂。

最后，为什么我们要在意平均损失的导数呢？我们以式 3.2 为例，如果可以计算函数的梯度，我们便能令梯度为 0① 并通过直接求解方程组得到最优参数 $\mathbf{w}^*$ 和 b^*。

3.2 对数几率回归

对数几率回归（logistic regression）② 并不是一个回归模型，而是

---

① 为找到函数的最大或最小值，我们将梯度设为 0 的原因是，函数的极值的梯度总是 0。在二维表示中，位于极值的梯度是一条水平线。

② 译者注：简称对率回归，这里使用周志华《机器学习》中的翻译。又译作“逻辑回归”或“逻辑斯谛回归”。

分类学习模型。它的命名来自于统计学，因为其数学表达式与线性回归很类似。

本章中我们只解释对数几率回归在二分类问题上的应用。它也可以直接应用于多类别分类。

3.2.1 问题陈述

在对数几率回归中，我们还是想用 $\mathbf{x}_i$ 的线性函数对 y_i 建模。只不过当 y_i 是二元时，问题就没有那么简单了。特征的线性组合 $\mathbf{w}\mathbf{x}_i + b$ 是一个从负无穷到正无穷的函数，而 y_i 只有两个可能值。

在计算机被发明之前，科学家需要进行大量手动运算，急需一个线性分类模型。他们发现，如果把负标签定义为0、正标签定义为1，我们只需要找到一个域值为（0，1）的简单连续函数。这样一来，当模型对 $\mathbf{x}$ 的结果接近0时，我们给 $\mathbf{x}$ 一个负标签；反之，$\mathbf{x}$ 得到正标签。**标准对数几率函数**（standard logistic function），又称为sigmoid函数，便是一个具有这一特质的函数：

$$f(x) = \frac{1}{1 + e^{-x}}$$

其中，e是一个自然对数的底数，也称为欧拉数（Euler's Number）。许多编程语言使用 $\exp(x)$ 表示 e^x。sigmoid函数的曲线如图3.3所示。

对率回归模型的具体表示式为：

$$f_{\mathbf{w},b}(\mathbf{x}) \stackrel{\text{def}}{=} \frac{1}{1 + e^{-(\mathbf{w}\mathbf{x}+b)}} \tag{3.3}$$

其中包含我们在线性回归中见过的 $\mathbf{w}\mathbf{x} + b$。

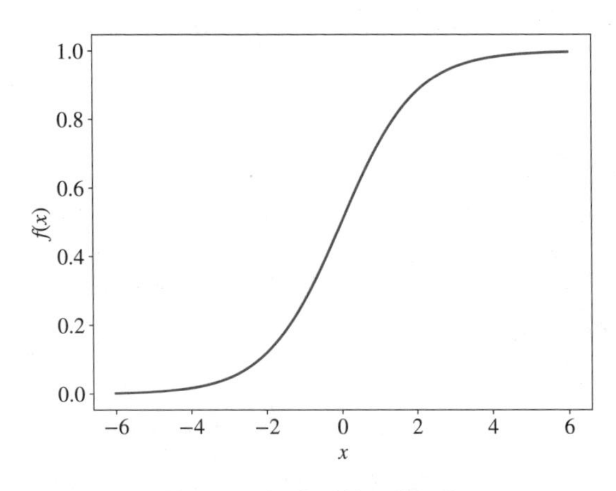

图3.3 标准对数几率回归

通过观察标准对数几率函数的曲线，我们可以理解它如何满足我们的分类去求：如果我们正确地优化得出 $\boldsymbol{w}$ 和 b 值，便可以将 $f(\boldsymbol{x})$ 的结果理解为 y_i 为正值的概率。举个例子，如果结果大于或等于一个阈值0.5，我们认为 $\boldsymbol{x}$ 的类型为正；反之为负。在实际操作中，阈值的选择可以因具体问题的不同而调整。我们会在第 5 章介绍模型效果评估时继续讨论阈值。

接下来，我们要如何找出最优参数 $\boldsymbol{w}^*$ 和 b^* 呢？回顾一下，在线性回归中，我们最小化平均误差损失，也称为**均方误差**（Mean Squared Error，MSE）。

3.2.2 解决方案

在对数几率回归中，我们根据模型最大化训练集的**似然**（likelihood）度。在统计学中，似然函数是指在模型已知的情况下观测到一个样本的可能性。

举个例子，令一个训练集中的有标签数据为（$\boldsymbol{x}_i$，y_i）。同时，假设我们已经找到（或猜到）一些具体参数值$\hat{\boldsymbol{w}}$和$\hat{b}$。现在，利用式3.3计算输入为$\boldsymbol{x}_i$时模型$f_{\hat{\boldsymbol{w}},\hat{b}}$的结果，我们会得到一个$0<p<1$的值。如果$y_i$为正类，根据我们的模型，$y_i$是正类的似然度为$p$。同样的，如果$y_i$为负类，则$y_i$是负类的似然度为$1-p$。

对率回归的优化标准（optimization criterion）是**最极似然数**（maximum likelihood）。在线性回归中，我们将平均损失最小化。现在，我们根据模型将训练数据的似然度最大化：

$$L_{\boldsymbol{w},b} \stackrel{\text{def}}{=} \prod_{i=1\cdots N} f_{\boldsymbol{w},b}(\boldsymbol{x}_i)^{y_i}(1-f_{\boldsymbol{w},b}(\boldsymbol{x}_i))^{(1-y_i)} \tag{3.4}$$

表达式$f_{\boldsymbol{w},b}(\boldsymbol{x}_i)^{y_i}(1-f_{\boldsymbol{w},b}(\boldsymbol{x}_i))^{(1-y_i)}$看似复杂，实际的意义只不过是：当$y_1=1$时取$f_{\boldsymbol{w},b}(\boldsymbol{x}_i)$的值，否则取$(1-f_{\boldsymbol{w},b}(\boldsymbol{x}_i))$的值。进一步解释，如果$y_1=1$，则$(1-y_1)=0$。因为任意一个数的0次方都是1，所以$(1-f_{\boldsymbol{w},b}(\boldsymbol{x}_i))^{(1-y_i)}$等于1。同理，如果$y_1=0$，$f_{\boldsymbol{w},b}(\boldsymbol{x}_i)^{y_i}$等于1。

有的读者可能发现，我们在目标函数中用了求积运算Π而不是线性回归中的求和运算Σ。这是因为，观察到N个样本的标签的释然度是每个观测样本似然的乘积（假设所有观测样本都相互独立，事实上也如此）。我们可以定义对数似然（log-likelihood）为：

$$\log L_{\boldsymbol{w},b} \stackrel{\text{def}}{=} \ln(L_{\boldsymbol{w},b}(\boldsymbol{x})) = \sum_{i=1}^{N} y_i \ln f_{\boldsymbol{w},b}(\boldsymbol{x}) + (1-y_i)\ln(1-f_{\boldsymbol{w},b}(\boldsymbol{x}))$$

因为ln是一个**严格递增函数**（strictly increasing function），它的优化问题等价于其变量的优化问题。两个问题的最优解是一致的。

有别于线性回归，上面的优化问题没有闭式解。为求解，我们常用数值优化方法，如**梯度下降**（gradient descent）。在下一章中，我们会具体解释它。

3.3 决策树学习

决策树（decision tree）是一个可用于决策的非循环**图**（graph）。在每个分支节点上，一个特征j会被测试。如果该特征的值小于一个既定阈值，我们只考虑左边的分支；否则，只考虑右边的分支。当决策过程到达一个叶节点（leaf node）时，我们可以用该叶节点的标签决定一个样本标签。

正如本章的标题所说，一个决策树可以从数据中学习得到。

3.3.1 问题陈述

已知一组标记样本：标签属于集{0，1}。我们想要构建一个决策树，并用它对一个特征向量进行分类。

3.3.2 解决方案

解决决策树有很多种方法。在本书中，我们重点介绍一种名为ID3的方法。

该方法的优化标准是平均对数似然：

$$\frac{1}{N}\sum_{i=1}^{N} y_i \ln f_{\text{ID3}}(\boldsymbol{x}_i) + (1 - y_i)\ln(1 - f_{\text{ID3}}(\boldsymbol{x}_i)) \tag{3.5}$$

其中，f_{ID3}是一个决策树。

到这一步为止，看起来它和对数几率回归很相似。差别在于，对率回归模型试图通过求最优解构建一个**参数化模型**（parametric model)，即 f_{w^*,b^*}；而 ID3 算法则通过近似优化构建一个**非参数化模型**（nonparametric model），即 $f_{\text{ID3}}(\boldsymbol{x}) \stackrel{\text{def}}{=} \Pr(y=1 \mid \boldsymbol{x})$。

ID3 学习算法的原理如下。令 S 为一个有标签样本的集合，刚开始决策树只有一个起始节点，包含所有样本，$S \stackrel{\text{def}}{=} \{(\boldsymbol{x}_i, y_i)\}_{i=1}^{N}$。起始恒定模型可定义为：

$$f_{\text{ID3}}^{S} \stackrel{\text{def}}{=} \frac{1}{|S|} \sum_{(\boldsymbol{x},y) \in S} y \tag{3.6}$$

以上模型对所有输入 $\boldsymbol{x}$ 的预测，$f_{\text{ID3}}^{S}(\boldsymbol{x})$，都是相同的。在图 3.4（a）中，一个此类的决策树由 12 个标签样本构建。

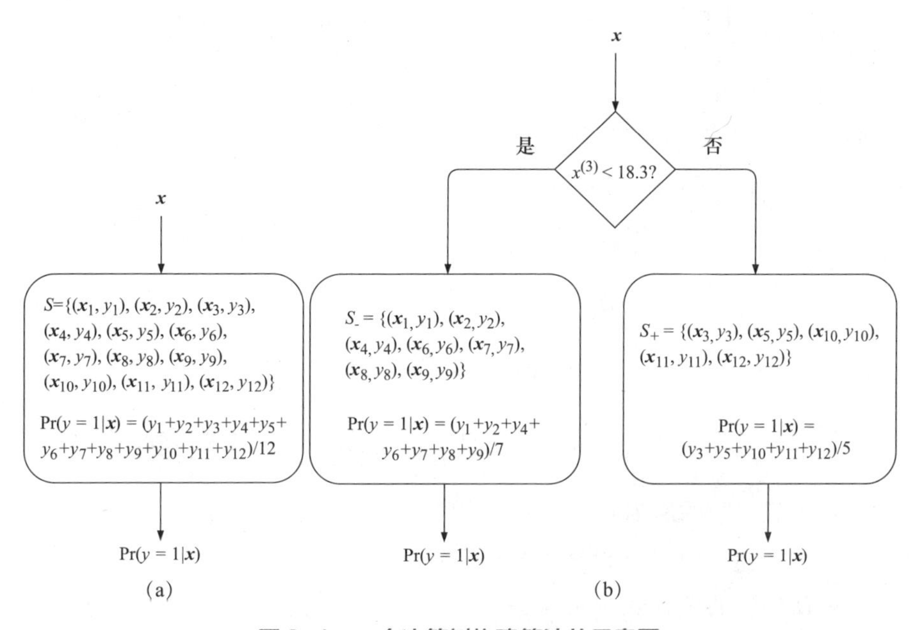

图 3.4　一个决策树构建算法的示意图

注：样本集合 S 包含 12 个标签样本。（a）起初，决策树只有一个起始节点，对所有输入的预测都一样。（b）经过第一次划分之后的同一个决策树，测试特征 3 是否小于 18.3，并根据结果选择两个叶节点中的一个做预测。

接着，我们搜索所有特征 $j=1, \cdots, D$ 和所有阈值 t，并将 S 划分

为两个子集：$S_- \stackrel{\text{def}}{=} \{(\boldsymbol{x}, y) \mid (\boldsymbol{x}, y) \in S, x^{(j)} < t\}$ 和 $S_+ \stackrel{\text{def}}{=} \{(\boldsymbol{x}, y) \mid (\boldsymbol{x}, y) \in S, x^{(j)} \geqslant t\}$。两个新的子集会直达两个新的叶节点。同时，我们评估所有可能的数组（j，t）对 S_+ 和 S_- 的划分效果。最后，我们选择最优的划分方案构成新的叶节点，并继续递归划分 S_+ 和 S_-（直到没有任何一个划分后的模型明显优于现有模型）。图 3.4（b）中的决策树由图 3.4（a）中的原型经过一次划分后得到。

那么，该如何评估一次划分效果呢？在 ID3 中，我们用**熵**（entropy）估计一次划分的好坏。熵是衡量一个随机变量不确定性的值。当随机变量中的所有概率相等时，熵最大。计算一个样本集合 S 熵的公式如下：

$$H(S) \stackrel{\text{def}}{=} -f_{\text{ID3}}^{S} \ln f_{\text{ID3}}^{S} - (1 - f_{\text{ID3}}^{S}) \ln(1 - f_{\text{ID3}}^{S})$$

当我们使用一个特征 j 和一个阈值 t 划分一个样本集合时，该划分的熵 $H(S_-, S_+)$ 是两个子集的熵的加权求和。

$$H(S_-, S_+) \stackrel{\text{def}}{=} \frac{|S_-|}{|S|} H(S_-) + \frac{|S_+|}{|S|} H(S_+) \tag{3.7}$$

在 ID3 的每个步骤中，在每一个叶节点，我们根据式 3.7 计算熵，并根据最小熵来划分或停止划分样本。

当以下任何一种情况得到满足时，算法终止于一个叶节点：

- 叶节点中的所有样本被单个模型（式 3.6）正确分类。
- 找不到任何可以划分的特征。
- 划分后的熵减幅小于一个 ε 值（具体值由实验决定①）。
- 决策树已达到某最大深度（同样由实验决定）。

在每一次迭代中，因为划分数据集的决定是局部的（不依赖于之后

① 在第 5 章，我们会介绍微调超参数。

的划分），ID3 无法保证得到最优解。我们可以通过使用诸如**回溯**（backtracking）等方法搜索最优解，不过需要更长的时间构建一个模型。

最广泛使用的一种决策树学习算法叫作 C4.5。相比 ID3，它有以下特点：

- 同时兼容连续和离散的特征。
- 可以处理不完整样本。
- 使用一种自底向上（bottom-up）的“剪枝”（pruning）方法解决过拟合问题。

剪枝的具体方法是：决策树构建完成后，重新检查每个分支，去除对降低误差影响不大的分支，并用其叶节点取代。

基于熵的划分标准其实很合理：当 S 中的所有样本标签都一样的时候，熵达到最低值 0；刚好一半的样本被标注为正时，熵为最高值 1，该分支也失去了有效分类的能力。至于决策树如何最大化平均对数似然标准，我们把这个问题留给读者自学。

3.4 支持向量机

在第 1 章中我们已经介绍了支持向量机，这里只做补充说明。两个需要回答的关键问题是：

1. 如果数据中存在噪声，造成没有超平面可以完全分隔正负样本，怎么办？

2. 如果数据不能被一个平面分隔，却可以被一个更高阶的多项式（higher-order polynomial）分隔，怎么办？

以上两种情况如图 3.5 所示。在左图中，如果不考虑噪声（异常

的或标注错误的样本），那么数据可以被直线分隔。在图3.5（b）中，决策边界呈椭圆形，而不是一条直线。

回顾一下SVM，我们需要满足以下两个约束：

$$\begin{aligned} \boldsymbol{w}\boldsymbol{x}_i - b \geqslant +1, &\quad \text{当 } y_i = +1 \text{ 时} \\ \boldsymbol{w}\boldsymbol{x}_i - b \leqslant -1, &\quad \text{当 } y_i = -1 \text{ 时} \end{aligned} \tag{3.8}$$

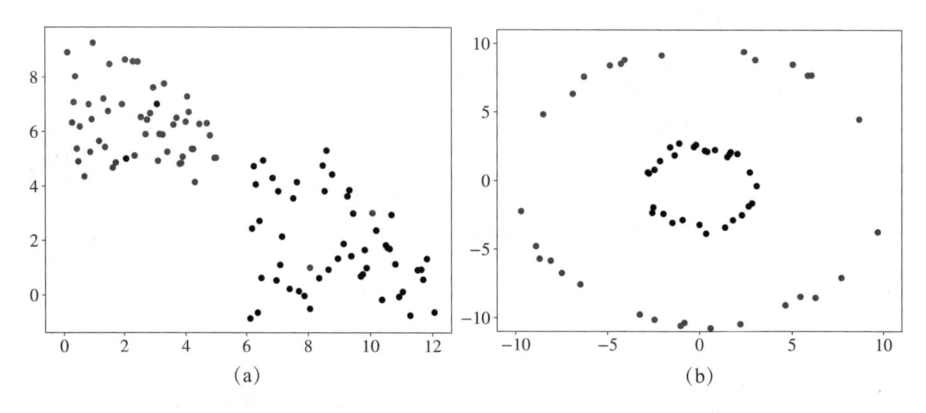

图3.5　线性不可分隔的情况

同时，我们试图将$\|\boldsymbol{w}\|$最小化，从而使超平面与最近的两类样本的距离相等。最小化$\|\boldsymbol{w}\|$等价于最小化$\frac{1}{2}\|\boldsymbol{w}\|^2$。使用后者的好处是，在后面的运算中方便使用二次规划（quadratic programming）求解。这样一来，SVM的优化问题可写为：

$$\min \frac{1}{2}\|\boldsymbol{w}\|^2, \quad \text{因此,} \quad y_i(\boldsymbol{x}_i\boldsymbol{w} - b) - 1 \geqslant 0, i = 1, \cdots, N \tag{3.9}$$

3.4.1 处理噪声

为了扩展SVM可应用于分隔非线性数据，我们需要介绍**合页损失**

(hinge loss) 函数：$\max(0, 1-y_i(\boldsymbol{w}\boldsymbol{x}_i-b))$。

当式 3.8 中的约束被满足时，合页损失为 0。换句话说，如果 $\boldsymbol{w}\boldsymbol{x}_i$ 的位置在决策边界的正确一侧，合页损失为 0。当数据位于错误的一侧时，函数的值与距决策边界的距离成正比。

接下来，我们希望最小化以下成本函数：

$$C\|\boldsymbol{w}\|^2+\frac{1}{N}\sum_{i=1}^{N}\max(0,1-y_i(\boldsymbol{w}\boldsymbol{x}_i-b))$$

我们既想要决策边界尽量大，也希望每一个样本 $\boldsymbol{x}_i$ 都位于正确的一侧。超参数 C 的作用是将二者折中。如同 ID3 中的超参数 ϵ 和 d，C 的值需要实验前预设。优化合页损失的 SVM 称为**软间隔**（soft-margin）SVM。

正如读者所见，当 C 的值够大时，成本函数中第二个项可被忽略。这时的 SVM 会试图找到最大的间隔，而完全不顾分类对错。减小 C 的值使分类错误的成本增加。为了减少犯错的机会，SVM 不惜牺牲间隔的大小。正如之前讨论过的，间隔大的模型具有更好的泛化性。因此，C 的作用是折中模型在训练样本（经验风险最小化）与未来数据（泛化性）上的分类效果。

3.4.2 处理固有非线性

SVM 的变体可用于分类在原空间内无法被超平面分隔的数据。实际上，如果我们能将原空间变换成另一个高维空间，即有可能在新空间内线性分隔样本。在优化 SVM 的成本函数时，使用一个函数**隐式地**（implicitly）变换原空间到一个更高维空间的方法称为**核技巧**（kernel trick）。

核技巧的应用效果如图 3.6 所示，我们可以使用特定映射（mapping）ϕ：$\boldsymbol{x} a\, \phi(\boldsymbol{x})$ 将原本线性不可分的二维数据变换成线性可分的三维数据。其中，$\phi(\boldsymbol{x})$ 是一个比 $\boldsymbol{x}$ 维度高的向量。以图 3.5（右）中的二维数据为例，将一个二维样本 $\boldsymbol{x}=[q, p]$ 映射到一个三维空间（见图 3.6）中，$\phi([q, p]) \stackrel{\text{def}}{=} (q^2, \sqrt{2}qp, p^2)$。其中，$\cdot^2$ 表示平方运算。现在，数据在变换后的空间中可以被线性分隔了。

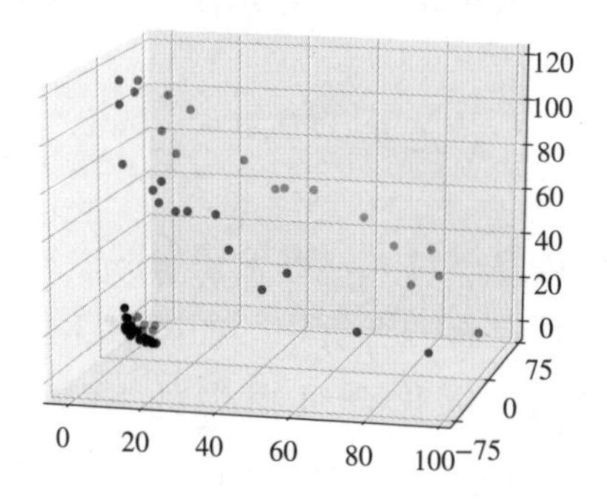

图3.6 在变换到一个三维空间后，图3.5（b）中的数据变成线性可分隔

不过，我们预先并不知道哪一个映射 ϕ 适用于我们的数据。我们可以先用某种映射将所有样本变换成维度很高的向量，再用 SVM 进行分类，并尝试所有可能实现的映射函数。这样做非常低效，我们的分类问题可能永远也解决不了。

幸运的是，科学家们找到了一个不需要明确地变换即可在高维度空间进行高效运算的**核函数**［kernel function，或简称**核**（kernel）］。要了解核的工作原理，我们首先需要理解 SVM 的优化算法是如何找到 $\boldsymbol{w}$ 和 b 最优值的。

用于优化式 3.9 的传统方法是**拉格朗日乘子法**（method of Lagrange multiplier）。与直接优化式 3.9 相比，以下形式的等价问题更方便求解：

$$\max_{\alpha_1 \cdots \alpha_N} \sum_{i=1}^{N} \alpha_i - \frac{1}{2} \sum_{i=1}^{N} \sum_{k=1}^{N} y_i \alpha_i (\boldsymbol{x}_i \boldsymbol{x}_k) y_k \alpha_k$$

$$受制于 \sum_{i=1}^{N} \alpha_i y_i = 0 \text{ 以及 } \alpha_i \geqslant 0, i = 1, \cdots, N$$

其中，α 是拉格朗日乘子。这样一来，该优化问题就变成了一个凸二次优化问题（convex quadratic optimization problem），可以利用二次规划算法高效求解。

在以上算式中我们可以发现，特征向量只出现在一项中，即 $\boldsymbol{x}_i\boldsymbol{x}_k$。如果我们想要变化向量空间到更高维度的空间，需要将 $\boldsymbol{x}_i$ 和 $\boldsymbol{x}_k$ 分别变成 $\phi(\boldsymbol{x}_i)$ 和 $\phi(\boldsymbol{x}_k)$ 并相乘求积。这样计算成本很高。

另外，我们只关心 $\boldsymbol{x}_i\boldsymbol{x}_k$ 的点积结果，而且知道它是一个实数。只要其结果正确，我们甚至不在乎它的计算过程。使用核技巧，可以避免从原特征空间到更高维度空间的复杂转换，也不需要计算它们的点积。我们将它们替换成一个简单运算。该运算应用于原特征向量的结果与之前相同。举个例子，与其将（q_1，p_1）、（q_2，p_2）转换成（q_1^2，$\sqrt{2}q_1p_1$，p_1^2）、（q_2^2，$\sqrt{2}q_2p_2$，p_2^2）并计算点积得到（$q_1^2q_2^2+2q_1q_2p_1p_2+p_1^2p_2^2$），不如直接计算（$q_1$，$p_1$）和（$q_2$，$p_2$）的点积（$q_1q_2$，$p_1p_2$），然后平方得到完全一样的结果（$q_1^2q_2^2+2q_1q_2p_1p_2+p_1^2p_2^2$）。

这也正使用到了核技巧的一种，即二次核 $k(\boldsymbol{x}_i, \boldsymbol{x}_k) \stackrel{\text{def}}{=} (\boldsymbol{x}_i\boldsymbol{x}_k)^2$。核函数有多种，最常用的是**径向基函数**（Radial Basis Function，RBF）核：

$$k(\boldsymbol{x},\boldsymbol{x}') = \exp\left(-\frac{\|\boldsymbol{x}-\boldsymbol{x}'\|^2}{2\sigma^2}\right)$$

其中，$\|\boldsymbol{x}-\boldsymbol{x}'\|^2$ 是**欧氏距离**（Euclidean distance）的平方。欧氏距离的计算公式为：

$$\begin{aligned} d(\boldsymbol{x}_i,\boldsymbol{x}_k) &\stackrel{\text{def}}{=} \sqrt{(x_i^{(1)}-x_k^{(1)})^2+(x_i^{(2)}-x_k^{(2)})^2+\cdots+(x_i^{(D)}-x_k^{(D)})^2} \\ &= \sqrt{\sum_{j=1}^{D}(x_i^{(j)}-x_k^{(j)})^2} \end{aligned}$$

RBF 核的特征空间的维度是无穷的。通过调整超参数 σ，数据科学家可以在原空间选择一个平滑或者弯曲的决策边界。

3.5 k 近邻

k 近邻（k-Nearest Neighbor，kNN）是一个非参数化的学习算法。其他学习算法在建模完成后可以将训练数据丢弃，而 kNN 却需要将训练数据保存在内存中。当一个新的、未见过的样本 $\boldsymbol{x}$ 被输入时，kNN 可找出与 $\boldsymbol{x}$ 最相似的 k 个训练样本。当解决分类问题时，模型输出的多数标签为预测，处理回归问题时则返回标签的均值。

两个样本的相似度由一个距离函数决定，比如前面提到的欧氏距离就在现实应用中很常见。另一个很流行的距离函数是负**余弦相似度**（consine similarity）。余弦相似度定义为：

$$s(\boldsymbol{x}_i,\boldsymbol{x}_k) \stackrel{\text{def}}{=} \cos(\angle(\boldsymbol{x}_i,\boldsymbol{x}_k)) = \frac{\sum_{j=1}^{D} x_i^{(j)} x_k^{(j)}}{\sqrt{\sum_{j=1}^{D} (x_i^{(j)})^2}\sqrt{\sum_{j=1}^{D} (x_k^{(j)})^2}}$$

它衡量两个向量的方向间的相似度。当两个向量间的夹角为 0 度时，两个向量指向同一方向，且余弦相似度等于 1。当两个向量互相垂直时，余弦相似度等于 0。当两个向量指向相反的方向时，余弦相似度为 -1。如果我们想用它作为距离度量，就需要乘以 -1。其他常用的距离度量包括切比雪夫距离（Chebychev distance）、马式距离（Mahalanobis distance）和汉明距离（Hamming distance）等。距离度量和 k 值都是超参数，需要数据科学家预先设定。我们也可以通过数据学习（相对于预先猜想）距离度量。具体过程我们会在第 10 章讨论。

第 4 章 算法剖析

4.1 一个算法的组成部分

从之前的章节我们可以注意到，每个学习算法都包括以下 3 个部分：

- 一个损失函数。
- 一个基于损失函数的优化标准（比如一个代价函数）。
- 一个利用训练数据求解优化标准的程序。

这就是学习算法的所有组成部分。正如我们之前介绍过的，有的算法是专门被设计用来明确地优化一个特定标准（例如，线性和对数几率回归，支持向量机），而其他的算法（包括决策树和 k 近邻）则隐式地优化某个标准。决策树和 k 近邻是最早的机器学习算法之一，是凭直觉、通过实验发明的，并没有构思一个明确的全局优化标准。优化标准是为了解释为什么那些算法有效果，后来才被加入的（类似的情况在科学史中很常见）。

在阅读现代关于机器学习的文献时，我们常会遇到“**梯度下降**”或“**随机梯度下降**”。这是两个常用的优化算法，可用于优化可导的优化标准。

梯度下降是通过迭代搜索一个函数极小值的优化算法。使用梯度下降，寻找一个函数的局部极小值的过程起始于一个随机点，并向该函数在当前点梯度（或近似梯度）的反方向移动。

在线性和对数几率回归中，梯度下降可以用于搜索最优参数。至于SVM和神经网络，我们之后才考虑。在很多模型中，比如对率回归或者SVM，优化标准是凸形的。凸形函数只有一个极小值，即全局最小值。相比之下，神经网络中的优化标准是非凸形的。不过，即使只找到局部最小值，在很多实际问题中也足够了。

让我们来了解一下梯度下降是怎样工作的。

4.2 梯度下降

在本节中，我们具体说明利用梯度下降如何求解一个线性回归问题①。我们用Python代码配合说明我们的描述，同时也用图表表示几个梯度下降迭代后解的变化。这里，我们用的数据集只有单一特征。即便这样，优化标准仍会有两个参数：w 和 b。扩展到多维度训练数据很简单：二维数据的时候我们有 $w^{(1)}$，$w^{(2)}$ 和 b，三维数据则有 $w^{(1)}$，$w^{(2)}$，$w^{(3)}$ 和 b，以此类推。

举一个更具体的例子，这里使用一个现实数据集（可在本书的维基中找到）。数据包括以下两列：每年各个公司用于广播广告的开销，以及它们每年销售的单位数量。我们想要构建一个回归模型，可基于公司在广播广告上的开销预测单位销售量。数据集中的每一行代表一个具体的公司。

① 正如我们之前所提到的，线性回归具有一个闭解。也就是说，我们并不一定需要用梯度下降来解决这种问题。为了方便说明，我们用线性回归作为解释梯度下降很好的例子。

我们有 200 个公司的数据，也就有 200 个训练样本，具体形式为 (x_i, y_i) =（开销，销售）。全部样本可以表示在图 4.1 中的图表中。

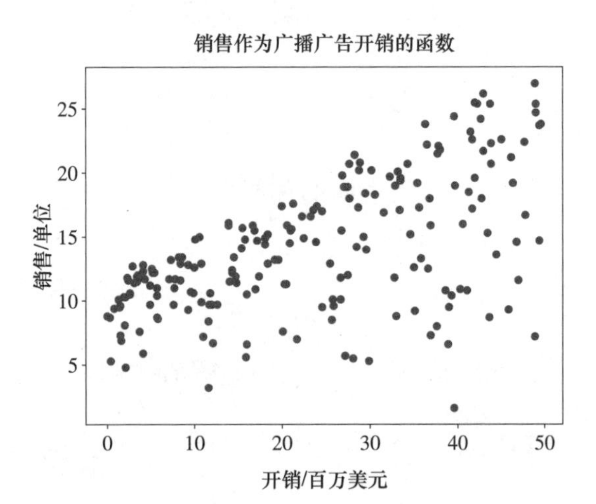

图 4.1　原数据

注：y 轴对应销售单位（我们想要预测的量），x 轴对应我们的特征，即在广播广告上的开销（百万美元）。

公司	开销/百万美元	销售/单位
1	37.8	22.1
2	39.3	10.4
3	45.9	9.3
4	41.3	18.5
…	…	…

我们回顾一下，线性回归模型的形式是：$f(x) = \boldsymbol{wx} + b$。我们并不知道 w 和 b 的最优值，需要从数据中学习。具体地说，我们要找使均方误差最小化的 w 和 b 值：

$$l \stackrel{\text{def}}{=} \frac{1}{N}\sum_{i=1}^{N}(y_i - (wx_i + b))^2$$

梯度下降从计算每个参数的偏导数开始：

$$\frac{\partial l}{\partial w}=\frac{1}{N}\sum_{i=1}^{N}-2x_i(y_i-(wx_i+b));$$
$$\frac{\partial l}{\partial b}=\frac{1}{N}\sum_{i=1}^{N}-2(y_i-(wx_i+b)) \quad (4.1)$$

为求 $(y_i-(wx+b))^2$ 对 w 的偏导数，我们需要使用链式法则。这里，$f=f_2(f_1)$ 是复合函数。其中，$f_1=y_i-(wx+b)$，且 $f_2=f_1^2$。要求 f 对 w 的偏导数，需要先求 f 对 f_2 的偏导数，等于 $2(y_i-(wx+b))$（线性代数中，我们已知导数 $\frac{\partial f}{\partial x}x^2=2x$）。接着，乘以 $y_i-(wx+b)$ 对 w 的偏导数 $-x$。组合在一起，有 $\frac{\partial l}{\partial w}=\frac{1}{N}\sum_{i=1}^{N}-2x_i(y_i-(wx_i+b))$。如法炮制，求 l 对 b 的偏导数 $\frac{\partial l}{\partial b}$。

梯度下降分周期（epoch）进行。每个周期使用整个训练集更新每个参数。在第一个周期，我们初始化①参数 $w\leftarrow 0$ 和 $b\leftarrow 0$。偏导函数 $\frac{\partial l}{\partial w}$ 和 $\frac{\partial l}{\partial b}$ 分别等于 $\frac{-2}{N}\sum_{i=1}^{N}x_iy_i$ 和 $\frac{-2}{N}\sum_{i=1}^{N}y_i$。在每个周期，我们用偏导数更新 w 和 b。更新的幅度由学习速率 α 控制。

$$w\leftarrow w-\alpha\frac{\partial l}{\partial w};$$
$$b\leftarrow b-\alpha\frac{\partial l}{\partial b} \quad (4.2)$$

① 复杂的模型（如神经网络）含有数千个参数，参数的初始化可能在很大程度上影响梯度下降的解。初始化的方法有多种（如随机初始化、全部为0、近似0的值等），具体选择需要数据科学家决定。

我们从参数值中减去（而不是加）偏导数，因为导数是一个函数增速的指标。如果导数在某一点[①]为正，那么该函数在这一点是增长的。因为我们想要最小化目标函数，所以当导数为正值时，参数应向反方向移动（坐标轴的左侧）。当导数为负值时（函数在下降），参数继续向右移动，从而使函数继续减小。

在下一个周期，我们用式 4.1 和新的 w、b 值重新计算偏导数；重复该步骤，直到收敛。一般情况是，我们需要很多周期才能观察到 w、b 值在每个周期后不再有大的变化，这时便可以停止了。

很难想象有完全不喜欢使用 Python 编程语言的机器学习工程师。因此，如果读者还在等待时机开始学习这门语言，现在就再恰当不过了。下面我们看一下在 Python 语言中如何实现梯度下降。

在每个周期中，更新参数 w 和 b 的函数如下所示。

```
1  def update_w_and_b(spendings, sales, w, b, alpha):
2      dl_dw = 0.0
3      dl_db = 0.0
4      N = len(spendings)
5
6      for i in range(N):
7          dl_dw += -2*spendings[i]*(sales[i] - (w*spendings[i] + b))
8          dl_db += -2*(sales[i] - (w*spendings[i] + b))
9
10     # update w and b
11     w = w - (1/float(N))*dl_dw*alpha
12     b = b - (1/float(N))*dl_db*alpha
13
14     return w, b
```

以一个 for 循环重复多个周期的函数如下所示。

① 这一点由参数的现有值决定。

```
15 def train(spendings, sales, w, b, alpha, epochs):
16     for e in range(epochs):
17         w, b = update_w_and_b(spendings, sales, w, b, alpha)
18 
19         # log the progress
20         if e % 400 == 0:
21             print("epoch:", e, "loss: ", avg_loss(spendings,
22                 sales, w, b))
23     return w, b
```

上面 train 函数中的 avg_ loss 函数用于计算平均平方误差，具体定义如下：

```
25 def avg_loss(spendings, sales, w, b):
26     N = len(spendings)
27     total_error = 0.0
28     for i in range(N):
29         total_error += (sales[i] - (w*spendings[i] + b))**2
30     return total_error / float(N)
```

如果我们预设函数 $\alpha=0.001$、$w=0.0$、$b=0.0$，并以周期为 1 500 运行 train 函数，我们将看到以下输出（只显示部分输出）。

```
epoch:  0 loss: 92.32078294903626
epoch:  400 loss: 33.79131790081576
epoch:  800 loss: 27.9918542960729
epoch:  1200 loss: 24.33481690722147
epoch:  1600 loss: 22.028754937538633
...
epoch:  2800 loss: 19.07940244306619
```

我们可以看到，随着 train 函数循环地运行每个周期，平均损失随之下降。回归线随着训练周期的变化如图 4.2 所示。

最后，一旦我们找到参数 w 和 b 的最优值，就只需要一个进行预测的函数：

```
31 def predict(x, w, b):
32     return w*x + b
```

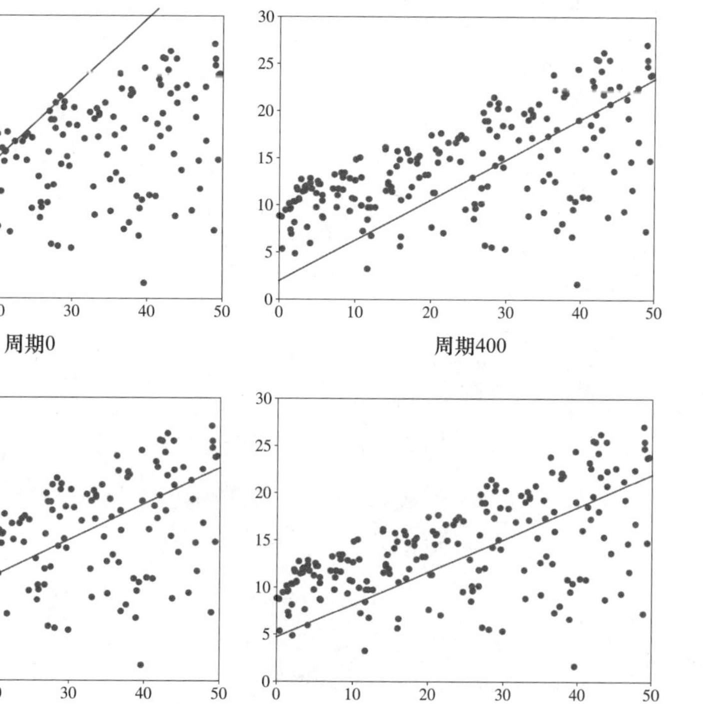

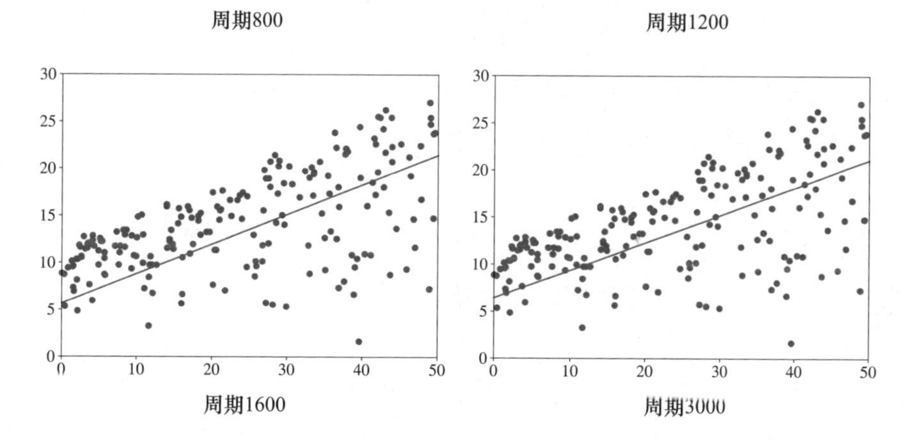

图4.2 回归线随着梯度下降周期变化而改变

试着运行以下代码。

```
33  w, b = train(x, y, 0.0, 0.0, 0.001, 15000)
34  x_new = 23.0
35  y_new = predict(x_new, w, b)
36  print(y_new)
```

输出结果应该是13.97。

梯度下降对学习速率 α 的选择较敏感。同时，在大数据集上的训练速度较慢。庆幸的是，计算机科学家们已经在原算法基础上提出了一些重要的改进。

小批次随机梯度下降（minibatch Stochastic Gradient Descent，minibatch SGD）就是其中一个改良的版本，通过使用小批量训练样本（子集）估算梯度，从而使计算加速。SGD本身也有诸多“升级”。比如，Adagrad就是其中一个升级版，可通过历史梯度调整每个参数的学习速率 α：当梯度非常大时 α 减小，反之增大。**动量**（Momentum）是一种加速SGD的方法，它指定梯度下降方向为相关方向并减少摇摆。在训练神经网络时，也常用到SGD的变形，如RMSprop和Adam。

需要注意的是，梯度下降和其变形并不是机器学习算法。它们仅是最小化问题的求解程序，前提是被最小化的函数有一个梯度（在定义域的大多数点上）。

4.3 机器学习工程师如何工作

除非我们的工作是研究科学家，或就职于一个具备丰厚研发预算的超大公司，通常不需要自己实现机器学习算法。我们也不需要实现梯度下降或者其他任何求解程序。我们更多的时候是使用库（library），而且绝大多数都是开源（open sourced）库。一个库包含很多算法和辅助工具，为稳定和高效而实现。最常用的开源机器学习库是scikitlearn，由 Python 和 C 语言编写。下面使用 scikit-learn 进行线性回归：

```
def train(x, y):
    from sklearn.linear_model import LinearRegression
    model = LinearRegression().fit(x,y)
    return model

model = train(x,y)

x_new = 23.0
y_new = model.predict(x_new)
print(y_new)
```

输出的结果同样是 13.97。是不是很简单？我们可以把 LinearRegression（线性回归）换成其他回归算法，而不需要改变任何其他部分。就这么简单，分类算法也如出一辙。我们也可以把 LogisticRegression（对率回归）换为 SVC（支持向量机在 scikit-learn 中的名称），DecisionTreeClassifier（决策树）、NearestNeighbor（k 近邻）或任意一个 scikit-learn 中实现的分类算法。

4.4 学习算法的特性

在这里，我们列出一些实用的、区别各个学习算法的特性。我们已经知道不同的学习算法有不同的超参数（例如，SVM 中的 C，ID3 中的 ϵ 和 d）；求解感知机（如梯度下降）也有超参数，比如 α。

有的算法，比如决策树，可以接受类型特征。举个例子，如果我们有一个“颜色”特征，可取值为“红”“黄”“绿”，我们可以保持其原状。SVM、对率、线性回归和 k 近邻（使用余弦相似度或欧氏距离指标）要求所有特征为数值，scikit-learn 中实现的所有算法也都要求特征为数值。下一章我们会讲解如何将类型特征转换为数值。

有的算法，比如 SVM，允许数据科学家为每个类别设定一个权重。

这些权重将影响决策边界的划法。如果某些类别的权重较高，在预测这类训练样本时学习算法会试图尽量不失误（通常以在别处出错为代价）。这一点在某些情况下很重要。比如，某个类别的样本在训练集中占少数，而我们想要尽量避免在对这些样本分类时犯错。

有的分类模型，如 SVM 和 k 近邻，对一个特征向量的输入只输出一个类别。其他模型，如对率回归或决策树，也可以返回一个 0 与 1 之间的值。我们可以把这个值理解为模型对预测的信心，也可以理解为输入样本属于某一个类别的概率。

有的分类模型（如决策树学习、对数几率回归或 SVM）使用全部数据构建模型。如果有更多有标签样本，就需要重新训练一个全新的模型。而有的算法（如朴素贝叶斯、多层感知机、SGD 分类器/SGD 回归、scikit-learn 中的 PassiveAggressiveClassifier/PassiveAggressiveRegressor）可以分批量、迭代地训练。当有了新训练样本时，我们只需要使用新的数据更新模型。

最后，有的模型（比如决策树、SVM 和 k 近邻）可以同时胜任分类和回归任务；有的模型则只可以解决一种问题，即分类或者回归。

通常，类似的库会提供文档解释每个算法可以解决的问题、允许的输入值和输出值的格式。文档中也会涉及关于超参数的信息。

第 5 章

基本实践

在之前的章节中，我们对有些问题没有深入讨论。而这些问题很可能是数据科学家在解决一个问题时必须考虑的，比如特征工程、过拟合、超参数调试等。本章中，我们将具体讨论这些问题，以及更多类似的问题。这些是我们在运行 scikit-learn 的 model = LogisticRegression ( ). fit(x, y) 之前需要解决的挑战。

5.1 特征工程

假设有一天，产品经理说："这些是过去 5 年所有客户使用我们产品的记录。我们需要预测客户是否会继续使用我们的产品。"然而，我们并不能指望把原始数据直接输入一个库就能得到预测。首先，我们需要构建一个**数据集**（dataset）。

让我们回顾一下，第 1 章介绍过，数据集是一个**有标签样本**（labeled example）集合，表示为 $\{(\mathbf{x}_i, y_i)\}_{i=1}^N$。全部样本 N 的每个元素 $\mathbf{x}_i$ 皆为一个**特征向量**（feature vector）。特征向量的每个维度 $j=1, \cdots, D$ 代表描述一个样本某方面特征的值。这些值称为**特征**（feature），表示为 $x^{(j)}$。

特征工程（feature engineering）是将原始数据转化为数据集的过

程。在大多数实际问题中，特征工程是一个劳动密集型程序，需要数据科学家的创造力以及专业领域知识。

举个例子，要将用户使用计算机系统的记录转化为数据集，我们可以创造的特征包含用户本身的以及从记录中抽取的各种统计信息。针对每个用户，其中一个特征可以是订阅的价格，另外几个特征可以包括每天、每周和每年的连接频率。其他特征还可以包括每个时域（session）的平均时长（以秒为单位），或者每次请求（request）的平均响应时间（response time）等。每个可量化的值都可以作为一个特征。数据科学家的工作是创造**富有信息量**（informative）的特征：帮助学习算法构建一个可以准确预测训练数据标签的特征。信息量较大的特征也称为具有较高**预测能力**（predictive power）的特征。比如，用户会话（session）的平均时长，对预测该用户是否会继续使用应用程序有较高的预测能力。

我们认为一个可以准确预测训练数据的模型具有低偏差。也就是说，该模型在预测构建模型时使用的样本标签时错误较少。

5.1.1 独热编码

有些学习算法只接受数值特征向量。当数据集中的一些特征是类型特征时，比如“颜色”或“一周中的一天”，我们可以将一个类型特征转换成多个二元特征。

我们以类型特征“颜色”为例，它的3个可能值为“红”“黄”“绿”，我们可以将这一特征转换为含有3个数值元素的向量：

$$\begin{aligned} \text{红} &= [1,0,0] \\ \text{黄} &= [0,1,0] \\ \text{绿} &= [0,0,1] \end{aligned} \tag{5.1}$$

这样一来，我们也增加了特征向量的维度。我们并不能为了避免增加维度而把红转换为 1、黄转换为 2、绿转换为 3。因为这意味着类型值之间存在顺序，且该顺序对做决策很重要。如果特征值的顺序不重要，使用有序的数值反而容易扰乱算法①。原因是，算法可能会试图找到一个并不存在的规律，从而造成过拟合。

5.1.2 装箱

将一个数值特征转换为类型特征在现实中是较少见的情况。**分箱**（binning）或**分桶**（bucketing）是一种将连续特征转换为多个二元特征的过程。转化通常基于值域决定，转化后的特征称为箱或桶。例如，与其用一个实数特征代表年龄，我们可以将年龄分为几个离散的箱：所有 0～5 岁可以放入第一箱，6～10 岁放进第二箱，11～15 岁放进第三箱，以此类推。

再举个例子，令特征 $j=4$ 代表年龄。通过分箱，我们用对应的箱取代该特征。另加入 3 个新箱，“年龄箱 1”“年龄箱 2”“年龄箱 3”，分别为特征 $j=123$、$j=124$ 和 $j=125$。现在，如果某样本 x 的特征 $x_i^{(4)}=7$，我们便令 $x_i^{(124)}=1$；如果 $x_i^{(4)}=13$，我们则另 $x_i^{(125)}=1$，诸如此类。

在一些案例中，一个精心设计的分箱可以帮助算法从较少的样本中学习。这是因为我们给了算法一个“暗示”，即如果某特征值在某一值域内，特征的具体值则不重要。

① 如果某些类型变量值的顺序与做决策有关系，我们可以只用一个变量，并用数字取代其他值。举个例子，一个表示文章质量的变量的可选值为 {优、良、可、劣}，我们可以用数字替代，如 {4，3，2，1}。

5.1.3 归一化

归一化（normalization）是将一个具体数值特征的实际范围值转化为一个标准范围值的过程，通常转换后的区间是［-1，+1］或［0，1］。

例如，假设某一个特征的实际范围值是350到1450，先从每个特征值减去350，再除以110，即可将这些值转换到值域［0，1］。

更广义的归一化公式为：

$$\bar{x}^{(j)} = \frac{x^{(j)} - \min^{(j)}}{\max^{(j)} - \min^{(j)}}$$

其中，$\min^{(j)}$和$\max^{(j)}$分别为特征j在数据中的最小值和最大值。

归一化的目的是什么？其实，数据的归一化并不是一个硬性要求。不过，在实践中它可以使学习速度加快。在第4章中，我们讲到梯度下降的例子。假设我们有一个二维特征向量。当更新参数$w^{(1)}$和$w^{(2)}$时，我们需要使用均方误差对$w^{(1)}$和$w^{(2)}$的偏导数。如果$x^{(1)}$的值域为［0，1000］，而$x^{(2)}$的值域却是［0，0.0001］，对应较大特征的偏导数将在更新过程中占主导。

另外，将输入值控制在一个相同的、较小的范围内，可以避免在计算中遇到数值极小或极大的问题（数值溢出）。

5.1.4 标准化

标准化（standardization）又称**z标准化**（z-score normalization），是将特征值重新调节到符合$\mu=0$和$\sigma=1$的标准正态分布过程。其中，μ是均值（所有样本中该特征的平均值），σ是平均值的标准差。

计算特征的标准分数（或 z 分数）的方法如下：

$$\hat{x}^{(j)} = \frac{x^{(j)} - \mu^{(j)}}{\sigma^{(j)}}$$

有读者可能马上会问，我们什么时候需要用归一化、什么时候又需要用标准化呢？这个问题并没有一个标准答案。通常，如果数据集不太大，且时间充裕，我们可以两种方法都试，再看哪种方法在实际任务上效果更好。

如果我们没有那么多时间实验，一般的经验是：

- 在实践中，非监督学习算法标准化比归一化受益更多。
- 对于本身分布近似一个标准正态分布（俗称钟形曲线）的特征，标准化是首选。
- 如果一个特征的值可能特别大或特别小（异常值），那么标准化也是首选；归一化不太适用的原因是，它会把一个正常值“挤压”到一个很小的值域。
- 除此之外，归一化比较适用。

重新调整特征的值对大多数算法都有利。然而，很多开源库中实现的算法本身已经可以很好地处理位于不同值域的特征了。

5.1.5 处理特征缺失值

有时候，数据科学家得到已经定义好特征的数据。但是，某些样本的某个特征值可能被遗漏了。这种情况在手动创建的数据集中尤其常见，可能因为标注数据的人忘了输入或者根本没有测量这些值。

常见的处理缺失特征的方法有：

- 将含有缺失特征的样本从数据集中移除（如果我们的数据集足够大，那么我们可以牺牲掉一部分样本）。

- 选择一种可以处理缺失特征值的学习算法（需要由具体使用的库以及算法的实现而定）。
- 使用数据补全技术。

5.1.6 数据补全技术

有一种数据补全的方法，将缺失的特征值替换为数据集中该特征的平均值：

$$\hat{x}^{(j)} \leftarrow \frac{1}{M}\sum_{i=1}^{N} x_i^{(j)}$$

其中 $M < N$，M 表示包含特征 j 值的样本数，且求和运算中不包括缺失特征 j 值的样本。

另一种方法是将缺失的值替换为一个正常值域之外的值。比如，如果正常值域为 [0，1]，我们便将缺失的值设为 2 或 -1。这样做的目的是，当一个特征值与正常值有较大区别时，使算法学习如何做决策。此外，我们也可以替换为一个正常值域的中间值。比如，如果一个特征的正常值域为 [-1，1]，我们可以将所有缺失值设为 0。这样做是因为值域的中间值不会严重影响预测结果。

一种更先进的方法是，把缺失的值看作一个回归问题的目标变量。我们可以用其他所有特征 $[x_i^{(1)}, x_i^{(2)}, \cdots, x_i^{(j-1)}, x_i^{(j+1)}, \cdots, x_i^{(D)}]$ 作为特征向量 $\hat{\boldsymbol{x}}_i$，令 $\hat{y}_i \leftarrow x^{(j)}$。其中，$j$ 是缺失的特征。接着，我们可以构建一个用 $\hat{\boldsymbol{x}}_i$ 预测 $\hat{y}_i$ 的回归模型。当然，我们只使用原数据中含有的特征 j 的值，作为训练样本 $(\hat{\boldsymbol{x}}, \hat{y})$。

最后，当数据集较大，而缺失特征只占少数时，我们可以增加特征向量的维度，为每一个含有缺失值的特征加入一个二元指示器特征。假设在 D 维数据集中，特征 $j = 12$ 有缺失值。在每一个特征向量 x 中，

我们加上一个特征 $j = D + 1$。当特征 12 的值完整时，新的特征为 1；缺失时则为 0。与此同时，缺失的特征值可以用 0 或任意值替代。

在预测时，如果样本特征不完整，我们需要用与补全训练数据同样的方法处理。

在开始一个学习任务之前，我们很难得知哪种数据补全方法最好。只有多试几种，构建多个模型再选择效果最优的。

5.2 选择学习算法

选择一个机器学习算法并不是一项轻松的任务。如果时间很充裕，我们应该试遍所有的算法。不过，一般情况下，我们解决一个问题的时间是有限的。在开始解决一个问题前，我们可以先回答几个问题，并根据答案缩小可选算法的范围，再试验于我们的数据。

- 可解释性

针对非技术性受众，我们的模型是否需要具有可解释性？很多准确度很高的学习算法都是所谓的“黑箱”算法。它们可以学得一个极少犯错的模型，但是做出一个特定预测的理由可能很难理解，更难解释。例如，神经网络模型和集成模型。

另外，由 k 近邻、线性回归或决策树算法生成的模型并不一定最准确，但它们预测的理由却很直截了当。

- 内存中 vs. 内存外

我们的数据集是否可以完全被载入服务器或个人计算机的内存中？如果可以，那么我们可选的算法范围比较大；否则，我们可能需要考虑使用**增量学习算法**（incremental learning algorithm），通过逐步增加数

据来提高模型的表现。

- 特征数与样本数

我们的数据集中有多少训练样本？每个样本有多少个特征？有的算法可以处理大量样本以及百万级别的特征，包括**神经网络**和**梯度下降**（我们稍后具体考虑二者）；有的算法容量就逊色得多，如SVM。

- 类型特征 vs. 数值特征

我们的数据是否只包含类型特征或只包含数值特征，还是两者混合？根据具体答案，有的算法可能无法直接应用于我们的数据集，需要先将类型特征转换为数值特征。

- 数据的非线性

我们的数据是否线性可分隔？或者是否可以用一个线性模型建模？如果是，使用线性核的SVM、对率或线性回归可能效果都不错；否则，深度神经网络或集成算法可能更适合。我们会在第6章、第7章中分别具体讲解这两种算法。

- 训练时间

我们希望一个学习算法花多少时间构建一个模型？神经网络的训练速度是出了名的慢。简单的算法，如对率回归、线性回归或决策树，都快得多。一些算法的专用库中整合了非常高效的实现方法。我们上网做些研究便可找到这些库。有的算法（如随机森林）可以借助多核处理器（CPU）的超强性能减少构建模型所需的时间。

- 预测时间

我们希望一个模型多快可以生成预测结果？模型是否会被用于需要超高吞吐量的生产环境？诸如SVM、线性回归、对率回归以及（一些）神经网络模型，预测速度特别快。其他的，比如 k 近邻、集成算法还有非常深或循环的神经网络，则相对较慢①。

如果我们不想凭空猜测哪一个算法用于我们的数据效果最好，一种很流行的选择方法是在**验证集**上测试。我们下面就会讲到。另一种方法是，如果使用 scikit-learn 库，我们可以使用它们的算法选择图，如图 5.1 所示。

5.3 3个数据集

在此之前，我们一直把“数据集”和“训练集”互换使用。但是，在实际工作中，数据科学家需要将有标签样本划为 3 个不同的集合：

- 训练集。
- 验证集。
- 测试集。

当我们获得了有标注的数据集以后，需要做的第一件事是打乱样本顺序，并划分为 3 个子集：训练集、验证集和测试集。训练集通常是最大的，我们用它训练模型。验证集和测试集的大小差不多，都比训练集小得多。在训练模型时，学习算法不能使用验证集和测试集里的样本。因此，这两个集合又称为**留出集**（holdout set）。

3 个数据集的划分并没有最优比例。根据过去的经验，我们推荐使用全部数据的 70% 用于训练、15% 用于验证、最后的 15% 作为测试。然而，在大数据时代，数据集常含有上百万个样本。在这种情况下，较合理的做法是使用 95% 的数据用于训练模型，验证和测试分别使用 2.5%。

---

① 在很多现代库中实现的 k 近邻和集成模型，其预测速度还是很快的。我们大可放心使用这些算法。

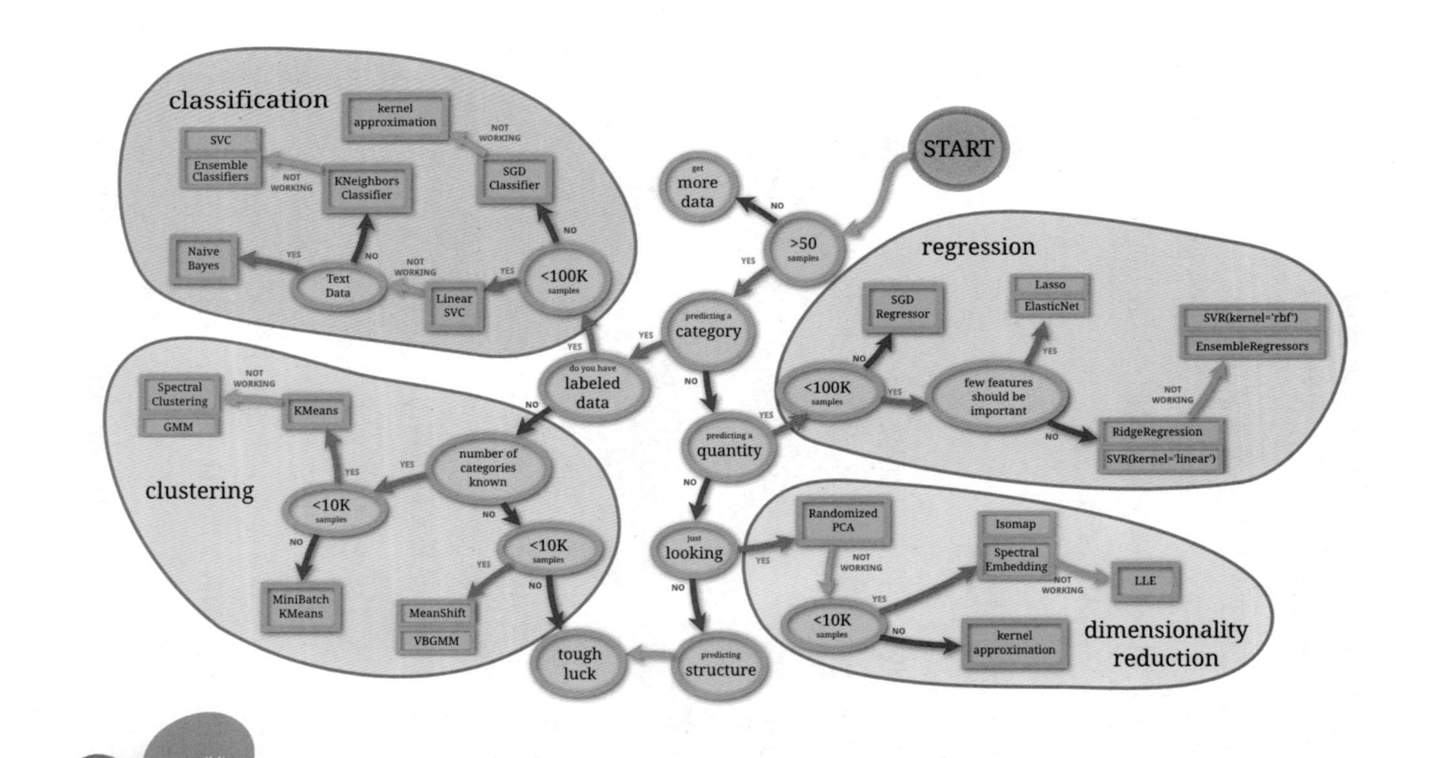

图5.1 scikit-learn专用机器学习算法选择图

有读者可能会问，为什么我们要把数据分成3个集合，而不用全部数据训练模型？答案很简单：当我们构建一个模型时，我们不想要它只能准确预测见过的样本标签。一个简单的模型可能记忆所有训练样本，并直接使用记忆进行“预测”。这样一来，模型对训练样本的预测极少出错，不过同时也失去了实用价值。我们真正想要的模型应可以较好地预测未见过的样本。也就是说，我们想要模型在留出集上有好的表现。

那么，两个留出集的作用又有什么区别呢？我们使用验证集来选择学习模型以及找到最好的参数值。在交付模型给客户或用于生产之前，我们使用测试集来评估该模型。

5.4 欠拟合与过拟合

在之前的章节中，我们提到过**偏差**（bias）的概念。如果一个模型可以较好地预测训练数据的标签，我们认为它具有较低偏差。如果一个模型在预测训练数据时错误较多，我们认为它具有**高偏差**（high bias），也称该模型**欠拟合**（underfit）。欠拟合是指一个模型无法准确地预测用于训练它的数据的标签。造成欠拟合的因素有多种，最重要的几个是：

- 我们的模型对于数据来说太简单（比如，使用线性模型常会出现欠拟合）。
- 我们使用的特征信息量不足。

我们以一维回归的案例更清楚地理解第一条原因：数据集中的样本分布呈类似一个弧线形，而我们的模型是一条直线。第二点可以这样理解：假设我们想要预测一个患者是否患有癌症，而我们的数据中只包含身高、血压和心率。很显然，这3个特征都不是较好预测癌症的因素。因此，我们的模型无法学到特征与标签之间的有效

关联。

解决欠拟合的办法包括使用更复杂的模型，以及创造预测能力更强的特征。

过拟合（overfitting）是另一个模型容易出现的问题。一个过拟合的模型可以非常好地预测训练数据，却在两个留出集中的至少一个表现差强人意。我们已经在第3章中解释过过拟合。多种原因可能造成过拟合，其中最重要的是：

- 模型对于数据来说太复杂（比如，一个很高的决策树或者一个太深或太宽的神经网络常会过拟合）。
- 特征值太多，而训练样本太少。

在一些文献中，我们可能见到过拟合问题的另一个名字：**高方差**（high variance）。这是一个统计学术语。方差是一个模型的误差，由它对训练集中小范围浮动的敏感度造成。具体意思是，如果我们的训练数据抽样区别很大，学习到的模型则截然不同。这也正是为什么过拟合的模型在测试集的效果很差：测试与训练集是从数据集中相互独立抽样的。

即便是最简单的模型，如线性模型，也会对数据过拟合。这常出现于数据维度较高、训练样本数却相对较少的情况。事实上，当特征向量的维度很高时，为了完美地预测训练样本的标签，线性算法试图找到所有特征中的复杂关系。结果，学习到的模型参数向量 w 中的大多数参数 $w^{(j)}$ 可能都是非零的。

这么复杂的模型在预测留出集数据的标签时，很可能会表现很差。原因是，在追求完美预测训练样本标签的同时，模型也同时学会了训练集的一些细节：如训练样本中特征值的噪声、由于数据量较小造成的抽样瑕疵以及可能影响训练集的外在因素。

我们在图 5.2 中分别说明一个回归模型对于相同数据发生过拟合、拟合和欠拟合的情况。

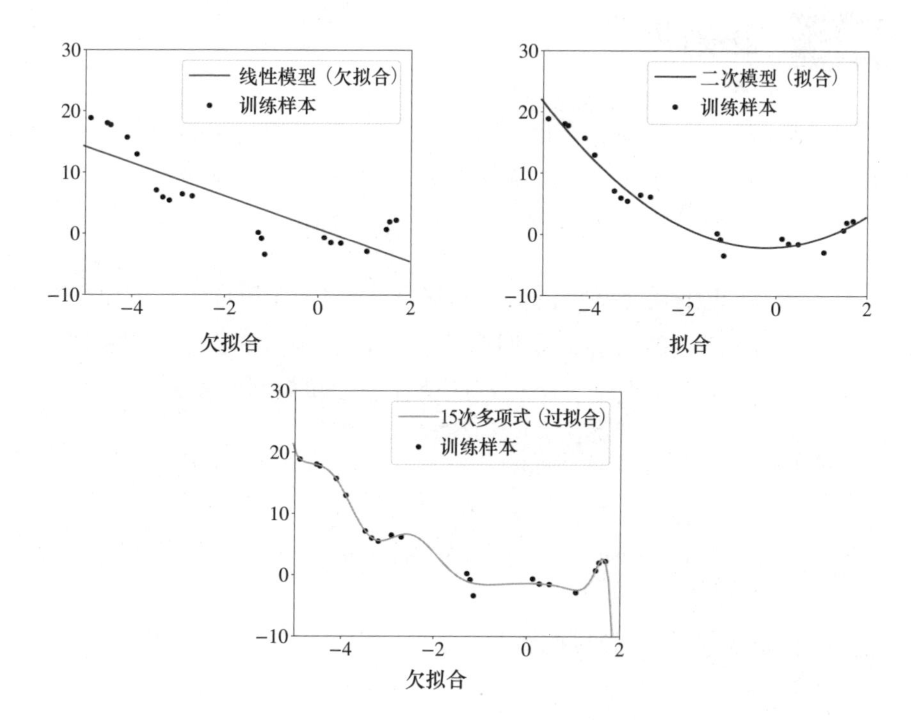

图 5.2　欠拟合的样本（线性模型）、拟合（二次模型）以及过拟合（15 次多项式）

解决过拟合的方法有很多种：

（1）尝试一个简单的模型（用线性回归取代多项式回归，或者用一个线性核取代 SVM 中的 RBF 核，又或者用一个层数/单元数较少的神经网络）。

（2）降低数据集中样本的维度（比如，使用我们将在第 9 章中介绍的降维方法中的一种）。

（3）如果可能的话，增加训练数据量。

（4）使用正则化方法。

正则化（regularization）是避免过拟合最常用的方法。

5.5 正则化

正则化是一个统称，泛指多种迫使学习算法构建复杂度较低的模型的方法。在实践中，我们在降低方差的同时，也常会稍微提高偏差。这一问题在文献中称为**偏差-方差折中**（bias-variance tradeoff）。

L1 和 L2 正则化是常用的两种正则化方法。两者的初衷都很简单，为创建一个正则化的模型，我们需要改变目标函数。具体做法是在目标函数中加入一个惩罚项，令该项的值在模型越复杂时越大。

回顾一下线性回归的目标函数：

$$\min_{\mathbf{w},b} \frac{1}{N}\sum_{i=1}^{N}(f_{\mathbf{w},b}(\mathbf{x}_i) - y_i)^2 \tag{5.2}$$

一个 L1 正则化后的目标函数：

$$\min_{\mathbf{w},b}\left[C|\mathbf{w}| + \frac{1}{N}\sum_{i=1}^{N}(f_{\mathbf{w},b}(\mathbf{x}_i) - y_i)^2\right] \tag{5.3}$$

其中，$|\mathbf{w}| \stackrel{\text{def}}{=} \sum_{j=1}^{D}|w^{(j)}|$，$C$ 是一个控制正则化重要性的超参数。如果将 C 设为 0，模型即变回无正则化的线性回归模型。另一方面，如果将 C 值设得很大，学习算法将会为了最小化目标试图将大多数 $w^{(j)}$ 设为极小值或 0。这样一来，该模型可能会因为过于简单而出现欠拟合。在解决具体问题时，数据科学家的任务是找到这样一个超参数 C 的值，它既不会过多地增加偏差，同时也将方差降至一个合理的水平。在第 6 章中，我们会介绍具体方法。

一个 L2 正则化后的目标函数：

$$\min_{w,b}\left[C\|\boldsymbol{w}\|^2+\frac{1}{N}\sum_{i=1}^{N}(f_{\boldsymbol{w},b}(\boldsymbol{x}_i)-y_i)^2\right],$$
$$\text{当}\|\boldsymbol{w}\|^2\stackrel{\text{def}}{=}\sum_{j=1}^{D}(w^{(j)})^2\text{时} \tag{5.4}$$

在实际使用中，L1 正则化生成一个**稀疏的模型**（sparse model）。在超参数 C 够大的前提下，模型的大多数参数（比如在线性模型中，大多数 $w^{(j)}$）都等于0。因此，L1 可以通过判断每个特征对预测的关键与否进行特征选择。这对我们想要增加模型的可解释性很有帮助。另一方面，如果我们只想要模型在留出集的表现最优，使用 L2 的效果通常会比较好。此外，L2 是一个可导函数，可以使用梯度下降优化目标函数。

一种称为**弹性网络正则化**（elastic net regularization）的方法结合了 L1 与 L2 方法，L1 与 L2 同是它的特例。我们可以在文献中找到对应 L2 的**岭回归正则化**（ridge regularization），以及对应 L1 的**套索回归**（lasso）。

除了在线性模型中常见，L1 与 L2 正则化也常用于神经网络，以及许多其他类型直接最小化目标函数的模型。

另外，两种常用于神经网络的正则方法有**丢弃**（dropout）和**分批标准化**（batch normalization）。此外，还有一些具备正则化效果的非数学方法：如**数据增强法**（data augmentation）和**早停法**（early stopping）。我们会在第 8 章中讲到这些技术。

5.6 模型效果评估

当学习算法通过训练数据生成一个模型之后，如何评判模型的好与坏？答案是使用测试集来评估模型。

测试集中包含的样本是算法之前从未见过的。因此，如果我们的模型可以较准确地预测测试集样本的标签，我们便认为该模型具备较好的泛化性。更直接的说法是，模型表现很好。

更严谨的方法是，机器学习专家通过使用多种正式指标和工具评估一个模型的表现。对于回归模型的评估较简单：一个拟合好的回归模型的预测结果接近观察数据的实际值。如果没有任何有信息量的特征可以利用，我们可以使用一个**均值模型**（mean model）一直预测训练数据中标签的平均值。一个被评估模型的拟合度应该高于均值模型的拟合度。如果事情也的确如此，下一步是比较模型在训练和测试数据上的表现。

具体做法是，我们分别计算训练集和测试集的均方误差①（MSE）。如果模型在测试数据上的MSE明显高于在训练数据上，说明模型出现了过拟合。这时，需要通过正则化或者更好的超参数调试解决。“明显高于”的定义取决于具体情况，需要由数据科学家与制定模型的决策者/产品负责人协商决定。

对于分类任务，情况则比较复杂。最常用的分类指标和工具有：

- 混淆矩阵。
- 查准率/查全率。
- 准确率。
- 成本-敏感准确率。
- ROC曲线下面积。

为了简单说明，我们以一个二分类问题为例。在必要时，我们会解释如何将某一方法延伸到多分类问题。

① 或任何一个合理的平均损失函数。

5.6.1 混淆矩阵

混淆矩阵（confusion matrix）是一个表格，用于总结一个分类模型对分属不同类别样本的分类效果。它的一个轴代表模型预测的标签，另一个轴代表样本的实际标签。在二分类问题中有两个类别。假设现在模型预测的两个类别分别为“垃圾邮件”和“非垃圾邮件”。

	垃圾邮件（预测）	非垃圾邮件（预测）
垃圾邮件（实际）	23（真正，TP）	1（假负，FN）
非垃圾邮件（实际）	12（假正，FP）	556（真负，TN）

在上面的混淆矩阵中，有24个实际垃圾邮件样本，模型准确地分类了其中的23个为垃圾邮件。对于这种情况，我们认为有23个**真正例**（true positive，TP），或TP = 23。模型错误地分类了一个样本为非垃圾邮件。因此，我们有1个**假负例**（false negative，FN），或FN = 1。同样的，在568个实际非垃圾邮件中，556个被正确地分类，即556个**真负例**（true negative，TN），或TN = 556。同时，12个被错误地分类为垃圾邮件，即12个**假正例**（false positive，FP），或FP = 12。

对于多分类的混淆矩阵，行数和列数分别与类别数相等。它可以帮助我们识别错误的规律。譬如，对一个识别动物种类的多分类模型，我们可以通过混淆矩阵发现它容易错误地将“猫”判断为“豹”，或将“狗”误认为“狼”。这种情况下，我们可以增加这些类别的有标签样本，帮助算法“看清”它们之间的区别。另外，也可以增加额外的特征，学习一个新的、更好区分这些类别的模型。

混淆矩阵的另一个用途是用于计算另外两个性能指标：**查准率**（precision）和**查全率**（recall）。

5.6.2 查准率/查全率

两个常用的评估模型的指标是**查准率**和**查全率**。查准率是指正确预测的正样本占模型预测为正的样本总数的比率：

$$\text{查准率} \stackrel{\text{def}}{=} \frac{\text{真正}}{\text{真正} + \text{假正}}$$

查全率是指正确预测的正样本占数据集中正样本总数的比率：

$$\text{查全率} \stackrel{\text{def}}{=} \frac{\text{真正}}{\text{真正} + \text{假负}}$$

为了理解查准率和查全率在评估模型时的意义及重要性，我们可以把预测问题想象成一个从数据库中搜索文件的问题。查准率表示在所有返回文件中与搜索内容相关文件的比例。查全率则表示由搜索引擎返回的相关文件占数据库中所有与搜索相关文件的比率。

在垃圾邮件检测问题中，我们想要高查准率（尽量避免将正常邮件错误地分类为垃圾邮件），同时我们可以容忍低查全率（可以容许一些垃圾邮件出现在邮箱中）。

在实际操作中，我们常需要从高查准率和高查全率之间做出取舍。可以做到二者兼顾的情况很少。为达到其中一个目标，我们可以使用以下方法：

- 将样本分配较高权重（SVM 算法接受类别的权重作为输入）。
- 调试超参数，使模型在验证集上的查准率或查全率最大化。
- 调整返回类别概率算法的决策边界。例如，假设我们使用对率回归或者决策树，为了增加查准率（以降低查全率为代价），我们可以只在模型预测的概率超过 0.9 的时候才认定预测结果为正。

即使查准率和查全率是为二分类问题定义的，我们也完全可以使用它来评估一个多分类模型。具体做法是，首先选择一个我们想要评估的类别。然后，将所有该类别的样本视为正类，而其他类别的样本作为负类。

5.6.3 准确率

准确率（accuracy）可通过计算正确分类的样本数除以总分类样本数得出。就混淆矩阵而言，可表示为：

$$准确率 \stackrel{\text{def}}{=} \frac{真正 + 真负}{真正 + 真负 + 假正 + 假负} \qquad (5.5)$$

在每个类别的分类误差同样重要时，准确率是一个适用的指标。准确率在垃圾/非垃圾邮件的例子中却并不适用。特别是，我们对假正例的容忍度要远小于假负例。一个假正例的情况是：我们的朋友发来一封邮件，模型错误地认为它是一封垃圾邮件而没有提示。相比之下，假负例就有没什么大碍：如果在模型中漏掉一小部分垃圾邮件，造成的损失也不太严重。

5.6.4 代价敏感准确率

为了处理不同类别重要性不同的情况，**代价敏感准确率**（cost-sensitive accuracy）是一个实用的指标。其计算方法是，先将两类错误分别分配 个成本（ ·个正数值）：假正和假负。接着，照常计算真正（TP）、真负（TN）、假正和假负。再将假正和假负分别乘以所对应的成本，并用式 5.5 计算准确率。

5.6.5 ROC 曲线下面积

ROC 曲线（全名为“接收者操作特征曲线”，原来自于雷达工程）是一个常用于评估分类模型的方法。ROC 曲线结合**真正率**（定义于查全率相同）和假正率（预测错误的负例比例），建立一个分类表现的总结图表。

$$\text{真正率} = \frac{\text{正例}}{\text{正例} + \text{假负例}}$$

$$\text{假正率} = \frac{\text{假正例}}{\text{正例} + \text{假负例}}$$

ROC 曲线只能用于评估返回预测置信度（confidence）（或一个概率）的分类器。例如，对率回归、神经网络和决策树（以及基于决策树的集成模型）均可用 ROC 曲线评估。

ROC 曲线的画法是：首先使置信度离散化。如果一个模型的置信区间是［0，1］，我们可以这样离散化：［0，0.1，0.2，0.3，0.4，0.5，0.6，0.7，0.8，0.9，1］。接着，我们用每个离散值作为预测阈值，预测数据集样本的标签。具体举个例子，如果我们想用阈值等于0.7 计算真正率与假正率，就需将模型应用于每个样本并取得置信值。如果置信值大于或等于0.7，我们预测为正类；否则，预测为负类。

如图 5.3 所示，当阈值为 0 时，所有的预测都为正类，所以真正率和假正率皆为 1。另一方面，如果阈值为 1，则没有正类的预测，真正率和假正率皆为 0，对应每个图中左下角。

ROC 曲线下面积（AUC） 越大，分类器表现越好。一个 AUC 高于 0.5 的分类器好于一个随机分类器。如果 AUC 低于 0.5，表示我们的模型哪里出了问题。一个完美分类器的 AUC 可能等于 1。一般情况

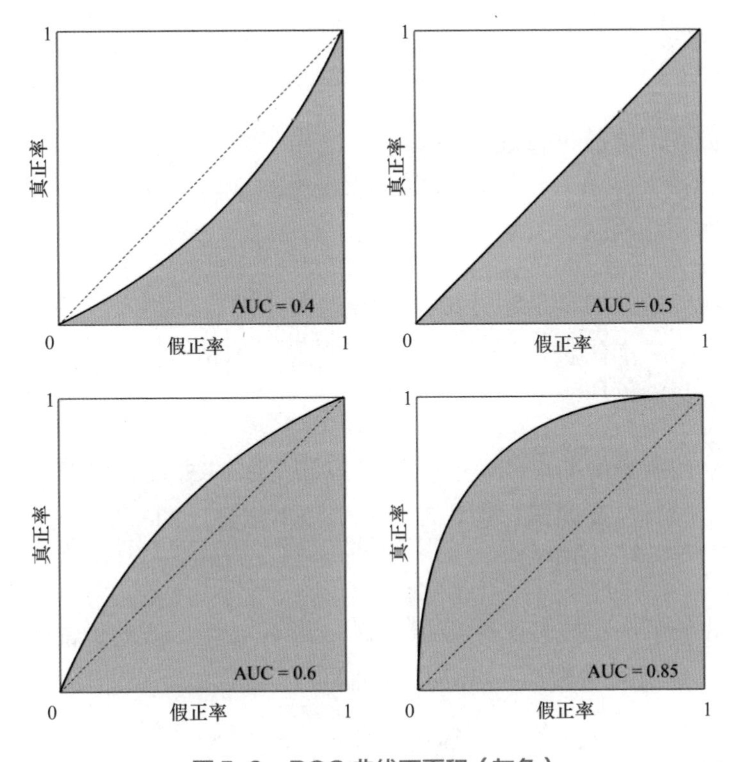

图 5.3　ROC 曲线下面积（灰色）

是，如果模型表现稳定，我们可以通过选择阈值获得一个较好的分类器。理想的阈值应该使真正率接近 1，并保持假正率接近 0。

ROC 曲线很受欢迎，因为它相对容易理解，涵盖分类的多个层面（通过加入假正例和假负例）且通过可视化、低成本地比较不同模型的表现。

5.7 超参数调试

在介绍学习算法时我们提到过，作为数据科学家，我们需要为算法选择合理的超参数值。比如 ID3 中的 ϵ 和 d、SVM 中的 C 或者梯度下

降中的α。具体是什么意思呢？什么样的值最合理？我们又该如何找到这个值呢？在这一节中，我们来解答这些问题。

正如我们之前讲过的，超参数无法由学习算法优化。数据科学家需要“调试”超参数，即通过实验为每个参数找到一个值，并组成最优的组合。

当我们的数据量足够分出一个合理大小的验证集时（每个类别至少由几十个样本代表），并且超参数的数量及取值范围不太大，一种常用的方法是网格搜索（grid search）。

网格搜索是最简单的超参数调试方法。以训练一个 SVM 为例，我们有两个超参数要调试：惩罚参数 C（一个正数）和一个核［“linear”（“线性”）或“RBF”］。

在我们第一次处理这个数据集时，并不知道 C 值的可能范围，常用技巧是使用对数刻度。譬如，我们可以尝试以下 C 值：［0.001，0.01，0.1，1，10，100，1 000］。这样一来，我们便有了 14 种不同的超参数组合可以尝试：［（0.001，“linear”），（0.01，“linear”），（0.1，“linear”），（1，“linear”），（10，“linear”），（100，“linear”），（1 000，“linear”），（0.001，“rbf”），（0.01，“rbf”），（0.1，“rbf”），（1，“rbf”），（10，“rbf”），（100，“rbf”），（1 000，“rbf”）］。

使用训练集，我们可以训练 14 个不同模型，每个模型对应一个超参数组合。接下来，我们使用之前讨论过的其中一个指标（或者一个更合理的指标）在验证集评估每个模型的效果。最后根据选择的指标保留一个表现最好的模型。

找到最优的超参数组合之后，我们可以尝试探索目前最优值附近区域内的其他值。有的时候，这样做可以得到更好的模型。

最后，我们在测试集检验最终选择的模型。

显而易见，尝试所有参数组合可能要花很多时间，尤其是超参数多、数据量大的时候。不过我们有更高效的方法，比如**随机搜索**（random search）和**贝叶斯超参数优化法**（Bayesian hyperparameter optimization）。

与网格搜索不同，随机搜索不需要我们为每一个参数提供一组离散的、待探索的值。取而代之的是，需要为每个参数提供一个从中随机抽样的统计分布，以及想要尝试的组合总数。

贝叶斯方法不同于随机或网格搜索，它使用过去的评估结果来选择下一个评估的参数值。它的概念是，基于过去表现较好的超参数选择下一个值，并通过这种方法减少优化目标函数的复杂优化运算。

与此同时，还有**基于梯度的方法**（gradient-based technique）、**进化优化方法**（evolutionary optimization technique）以及其他调节超参数的方法。大多数现代机器学习库中都实现了其中的至少一种。同时，我们也可以利用专门的超参数调试库，调试几乎所有学习算法的超参数，包括我们自己编写的算法。

交叉验证

当没有一个合理大小的验证集用于调试超参数时，常用的有效方法是**交叉验证**（cross-validation）。当我们的训练样本数有限，不允许同时分出验证集和测试集时，我们更倾向于使用更多的数据来训练模型。这种情况下，我们只需将数据分为训练和测试集。接着，在训练集使用交叉验证模拟一个验证集。

交叉验证的方法如下。首先，我们先固定想要评估的超参数的备选值。接着，将训练数据划分成几个相同大小的子集。每个子集称为一个折（fold）。实际中较常用的是 5 折交叉验证。在 5 折交叉验证

中，我们把训练数据随机分为5个折：$\{F_1, F_2, \cdots, F_5\}$。每个$F_k$，$k=1, \cdots, 5$分别包含20%的训练数据。接着，我们训练5个模型。在训练第一个模型f_1时，我们使用F_2，F_3，F_4，F_5折中的所有样本作为训练集，并以F_1作为验证集。在训练第二个模型f_2时，我们使用F_1，F_3，F_4，F_5折中的所有样本作为训练集，并以F_2作为验证集。我们采用同样的方法继续训练其余的模型，并从F_1到F_5对每个验证集计算相应的指标值。最后结果是5个指标值的均值。

为了找到模型的最优超参数，我们可以把网格搜索和交叉验证配合使用。一旦找到最优值，我们用最优值和整个训练集构建一个模型，并在测试集验证最终模型。

第6章 神经网络和深度学习

在本章之前，我们其实已经介绍过神经网络，包括如何构建它的一种模型。没错，指的就是对数几率回归（logistic regression）！事实上，对率回归模型（或者说是它的多分类泛化模型）称为softmax回归模型，是神经网络中的一个标准单元。

6.1 神经网络

了解线性回归、对率回归以及梯度下降，有助于我们更容易地理解神经网络。

跟回归或SVM模型一样，神经网络（neural network，NN）也是一个数学函数。

$$y = f_{NN}(\boldsymbol{x})$$

函数f_{NN}具有一种特定的形式：它是一个**嵌入函数**（nested function）。我们之前提到过神经网络的**层**（layer）。一个输出标量的3层神经网络f_{NN}，其具体表示如下：

$$y = f_{NN}(\boldsymbol{x}) = f_3(\boldsymbol{f}_2(\boldsymbol{f}_1(\boldsymbol{x})))$$

在上面的等式中，$\boldsymbol{f}_1$ 和 $\boldsymbol{f}_2$ 同时具有以下形式的向量函数：

$$\boldsymbol{f}_l(\boldsymbol{z}) \stackrel{\text{def}}{=} \boldsymbol{g}_l(\boldsymbol{W}_l\boldsymbol{z} + \boldsymbol{b}_l) \tag{6.1}$$

其中，l 是层索引，涵盖从 1 到总层数之间的所有层。函数 $\boldsymbol{g}_l$ 称为**激活函数**（activation function）。它是一个固定的函数，通常为非线性的，并由数据科学家在开始学习之前预先设定。每一层的参数 $\boldsymbol{W}_l$（一个矩阵）和 $\boldsymbol{b}_l$（一个向量），通过我们熟悉的梯度下降法优化代价函数（如均方误差）学得。代价函数需根据具体任务选择。对比式 6.1 和对率回归的等式，如果将 $\boldsymbol{g}_l$ 替换为 sigmoid 函数，则两者相同。函数 f_3 是一个用于回归任务的标量函数，也可以根据具体问题换成向量函数。

有读者可能会问，为什么这里要用矩阵 $\boldsymbol{W}_l$，而不是一个向量 $\boldsymbol{w}_l$。这是因为 $\boldsymbol{g}_i$ 是一个向量函数。$\boldsymbol{W}_l$ 的每一行 $\boldsymbol{w}_{l,u}$（u 代表单元）是一个与 $\boldsymbol{z}$ 相同维度的向量。令 $a_{l,u} = \boldsymbol{w}_{l,u}\boldsymbol{z} + b_{l,u}$，$\boldsymbol{f}_l(\boldsymbol{z})$ 输出一个向量 $[g_l(a_{l,1}), g_l(a_{l,2}), \cdots, g_l(a_{l,\text{size}_l})]$。其中，$g_l$ 是一个标量函数①，size_l 是 l 层中的单元数。为更具体地说明，以一个**多层感知机**（multilayer perceptron，MLP）神经网络为例。它也称为**普通神经网络**（vanilla neural network）。

6.1.1 多层感知机例子

我们来深入探讨一下**多层感知机**。MLP 属于一种特定的神经网络，即**前馈神经网络**（feedforward neural network，FFNN）。我们以一个 3 层 MLP 为例，它以二维特征向量为输入，输出一个数值。它既可能是回归模型，也可能是分类模型，取决于第 3 层（输出层）使用的激活函数。

图 6.1 展示了一个 MLP 的具体例子。在图 6.1 中，我们用几个层

① 一个标量函数的输出是一个标量，也就是一个单独的数值，而不是一个向量。

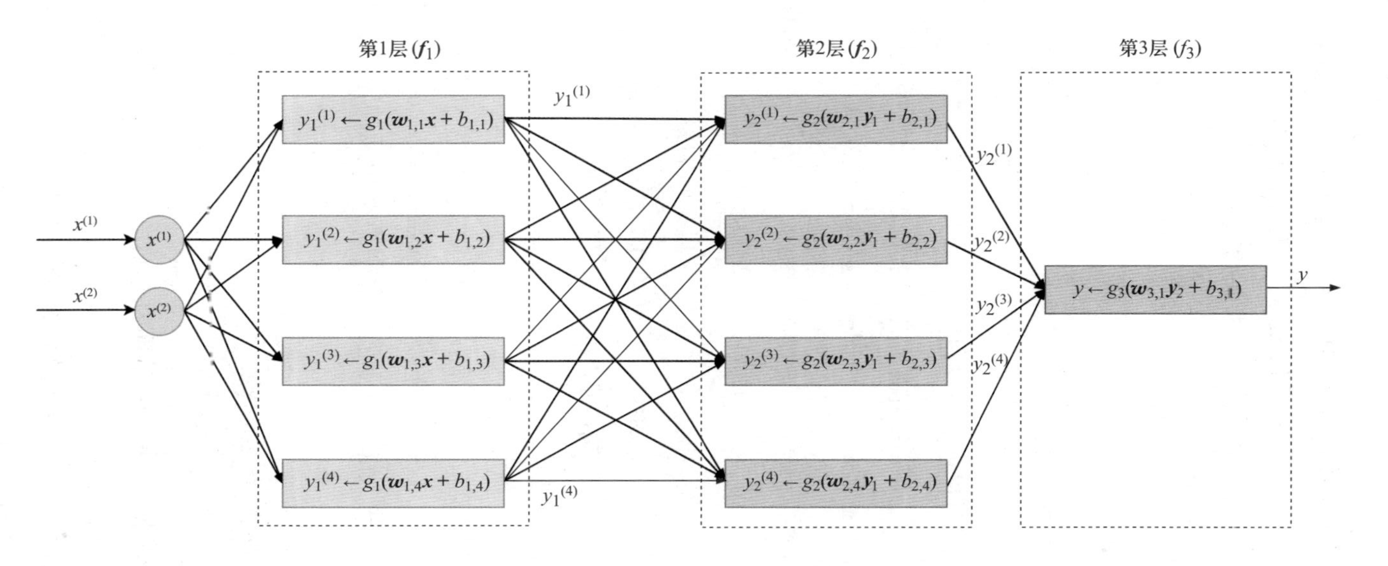

图6.1 一个二维输入的多层感知机

注：其中，前两层有4个单元，一个输出层有1个单元。

(layer) 表示这个神经网络，每层由逻辑相联的**单元**（或神经元，unit）组合而成。每个圆形或矩形代表一个单元。向内的箭头代表一个单元的输入以及输入的来源。向外的箭头代表一个单元的输出。

矩形单元的输出是图形内运算的结果。而圆形单元不对输入进行改变，直接将其作为输出。

在每个矩形单元内会发生如下运算。首先，该单元的所有输入被合并组成一个输入向量。接着，单元对输入向量进行线性变换，如同线性回归模型对特征向量的运算。最后，单元对线性变换的结果应用激活函数 g，得到一个实数输出值。在一个普通前馈神经网络中，某层中一个单元的输出值会成为下一层中每个单元的输入值。

在图6.1中，激活函数 g_l 含有一个索引 l，对应该单元所属层的索引。通常，每层中所有单元都使用同一个激活函数，不过并不是必需的。每层所包含的单元数可能不同。每个单元有其专属的参数 $\mathbf{w}_{l,u}$ 和 $b_{l,u}$，其中，l 和 u 分别为层和单元的索引。每个单元中，向量 $\mathbf{y}_{l-1}$ 可定义为 $[y_{l-1}^{(1)}, y_{l-1}^{(2)}, y_{l-1}^{(3)}, y_{l-1}^{(4)}]$。第一层中的向量 $\mathbf{x}$ 的定义是 $[x^{(1)}, \cdots, x^{(D)}]$。

从图6.1中可以看到，多层感知机中每一层的所有输出都与下一层的所有输入相连接。这种架构称为**全连接层**（fully-connected layer）。这些层中所有单元的输入都来自于前一层中所有单元的输出。

6.1.2 前馈神经网络

如果我们想解决回归问题或是前几章介绍的分类问题，神经网络的最后（最右边）一层只需要一个单元。若最后一个单元的激活函数 g_{last} 为线性的，则该神经网络是一个回归模型。若 g_{last} 是一个对率函数，则网络是一个二分类模型。

数据科学家可以选择任何可导①函数作为 $g_{l,u}$。使用梯度下降对所有 l 和 u 求解 $\boldsymbol{w}_{l,u}$ 和 $b_{l,u}$ 的参数，激活函数的可导性至关重要。在函数 f_{NN} 中加入非线性的主要目的是为了使神经网络拟合非线性函数。缺少非线性，无论网络有几层，f_{NN} 仍可能是线性的。原因是，$\boldsymbol{W}_l z + \boldsymbol{b}_l$ 是一个线性函数，而线性函数的线性组合仍是线性的。

我们之前介绍过的对数几率函数是一种常用的激活函数。此外，还包括 TanH 和 ReLU。前者是双曲正切函数，与对率函数类似，不过值域从 -1 到 1（不包括 -1 和 1）。后者是修正线性单元函数，当输入 z 为负时函数值为 0，否则为 z 本身。

$$tanh(z) = \frac{e^z - e^{-z}}{e^z + e^{-z}},$$

$$relu(z) = \begin{cases} 0 & z < 0 \\ z & \text{其他} \end{cases}$$

前面提到，$\boldsymbol{W}_l z + \boldsymbol{b}_l$ 中的 $\boldsymbol{W}_l$ 是一个矩阵、$\boldsymbol{b}_l$ 是一个向量。这有别于线性回归 $\boldsymbol{w}z + b$。在矩阵 $\boldsymbol{W}_l$ 中，每一行 u 对应一个参数向量 $\boldsymbol{w}_{l,u}$。向量 $\boldsymbol{w}_{l,u}$ 的维度等于第 $l-1$ 层中的单元数。$\boldsymbol{W}_l z$ 的结果是一个向量 $\boldsymbol{a}_l \stackrel{\text{def}}{=} [\boldsymbol{w}_{l,1}z, \boldsymbol{w}_{l,2}z, \cdots, \boldsymbol{w}_{l,\text{size}_l}z]$。接着，$\boldsymbol{a}_l + \boldsymbol{b}_l$ 的结果是一个维度为 size_l 的向量 $\boldsymbol{c}_l$。最后，函数 $g_l(\boldsymbol{c}_l)$ 输出一个向量 $\boldsymbol{y}_l \stackrel{\text{def}}{=} [y_l^{(1)}, y_l^{(2)}, \cdots, y_l^{(\text{size}_l)}]$。

6.2 深度学习

深度学习指训练一个神经网络，该网络包括两个以上非输出层。

① 函数需要对整个定义域或定义域内绝大多数的点可导。例如，ReLU 只在 0 点不可导。

在过去，随着网络层数的增加，训练也越来越困难。由于训练网络参数需要使用梯度下降法，随之而来的两个主要挑战有**梯度爆炸**（exploding gradient）和**梯度消失**（vanishing gradient）。

相比之下，梯度爆炸问题较容易解决。简单的办法有**梯度剪裁**（gradient clipping）以及 L1 或 L2 正则化等。梯度消失问题则持续困扰了我们几十年。

那么，什么是梯度消失？它又是怎么造成的呢？一般情况下，我们使用一种**反向传播**（backpropagation）算法更新神经网络参数。反向传播使用链式法则，可以很高效地计算神经网络的梯度。在第 4 章中，我们已经介绍过如何使用链式法则计算一个复杂函数的偏导数。在梯度下降的每次迭代中，网络参数的更新与成本函数对当前参数的偏导数成正比。问题在于，有时候梯度会小到接近于零，造成一些参数的值不再改变。在最坏的情况下，神经网络完全无法继续训练。

传统的激活函数，如之前我们提到的双曲正切函数，其梯度的值域是（0，1）。反向传播通过链式法则计算梯度。在一个 n 层网络中，计算前几层（最左边）的梯度需要将 n 个很小的值相乘。可想而知，梯度随着 n 增加呈指数级减小。结果造成前几层的训练非常缓慢，甚至停滞不前。

好消息是，现代的算法实现允许我们高效地训练非常深的神经网络（高达几百层）。这得益于多种技术进步的结合，包括 ReLU、LSTM（以及其他门控单元，我们下面会介绍）。其他方法还有**残差神经网络**（residual neural network）中的**跳层连接**（skip connection），以及对梯度下降算法的高级改进。

如今，梯度消失和爆炸等问题已经在很大程度上得到有效解决（或影响较小）。“深度学习”一词特指使用现代的算法和数学工具训练神经网络，而无关网络深度。在实践中，很多实际业务问题可以由输入层与输出层之间只有两三层的神经网络解决。我们将既不是输入层也不是输出层的网络层称为**隐藏层**（hidden layer）。

6.2.1 卷轴神经网络

读者可能注意到，MLP 的参数量随网络增大而迅速增加。更准确地说，每增加一层网络即增加了（$size_l + 1$）·$size_l$ 个参数（矩阵 $\boldsymbol{W}_l$ 和向量 $\boldsymbol{b}_l$）。也就是说，如果我们在原有神经网络上增加一个含有1 000个单元的层，模型便增加了 100 万个参数。优化如此庞大的模型是一个计算密集型（computationally intensive）问题。

当我们的训练样本为图像时，输入是超高维度[①]。如果直接使用一个 MLP 来分类图像，优化起来可能非常困难（intractable）。

卷积神经网络（Convolutional Neural Network，CNN）是一种特殊的 FFNN。一个深度神经网络含有大量单元，使用 CNN 可有效减少其参数量，且不会过多影响模型的质量。CNN 已被成功应用于图像和文本处理，效果超过之前的参考指标。

由于 CNN 最初是为了图像处理而设计的，因此我们以图像分类问题为例进一步解释。

通过观察图像我们不难发现，相邻的像素通常表示同类信息：天空、水、树叶、皮毛、砖瓦等。“边界”则是例外：它们是图像中两个不同物体相互“接触”的部分。

如果我们可以训练神经网络识别代表相同信息以及边界的区域，那么该网络模型便可使用这些知识预测图像中表示的物体。举个例子，

① 图像的每个像素是一个特征。如果我们的特征是 100 × 100 个像素，就具有 10 000 个特征。

如果神经网络识别到了多个皮肤区域以及一个看似椭圆形的边界，同时椭圆形的内部为皮肤的色调，外部则以蓝色为主，那么这很可能是一张以天空为背景的人像图。如果我们的目的是识别图片中的人物，那么该网络很可能会正确地预测该图中包含一个人物。

了解到图像中大多数重要信息都具有局域性之后，我们可以使用滑动窗口法将一个图像划分成若干个方形的小块区域（patch）①。接着，我们可以同时训练多个小型回归模型，每个模型接受一块区域作为输入。每个小型模型的任务是，学习从输入方块中识别一种特定的图形特征（pattern）。例如，有的小型模型学习识别天空，有的识别草地，还有的识别一个建筑的轮廓等。

在 CNN 中，每个小型模型的结构与图 6.1 中类似，不过只含有第1层而没有第2、3层。为了识别某些特征，一个小型回归模型需要学习一个 $p \times p$ 的矩阵 $\boldsymbol{F}$（滤波器，filter 的首个字母）的参数。其中，p 表示一个区域的大小。假设输入是简单的黑白图像，1和0分别表示黑色和白色像素。同时假设我们的区域是 3×3 像素（$p=3$）。某些区域可能看起来像下面的矩阵 $\boldsymbol{P}$（区域，patch 的首个字母）：

$$\boldsymbol{P} = \begin{bmatrix} 0 & 1 & 0 \\ 1 & 1 & 1 \\ 0 & 1 & 0 \end{bmatrix}$$

上面的区域代表一个看似十字的图形特征。用于识别该图形（且只有该图形）的小型回归模型需要学习一个 3×3 的参数矩阵 $\boldsymbol{F}$。对应输入区域中1位置的参数应为正数，对应0位置的参数为负数。如果我们计算矩阵 $\boldsymbol{P}$ 与 $\boldsymbol{F}$ 的**卷积**（convolution），$\boldsymbol{F}$ 与 $\boldsymbol{P}$ 越相似则结果越

① 想象一下我们用显微镜观察一张纸钞。为了看到整张钞票，我们需要将它从左到右、从上到下逐步移动。在每个时间点，我们只能看到钞票固定尺寸的一部分。该方法称为滑动窗口法。

大。为具体解释两个矩阵的卷积，我们假设 $\boldsymbol{F}$ 为：

$$\boldsymbol{F}=\begin{bmatrix}0&2&3\\2&4&1\\0&3&0\end{bmatrix}$$

卷积运算只可用于两个行数与列数相同的矩阵。计算 $\boldsymbol{P}$ 与 $\boldsymbol{F}$ 卷积的具体方法如图 6.2 所示。

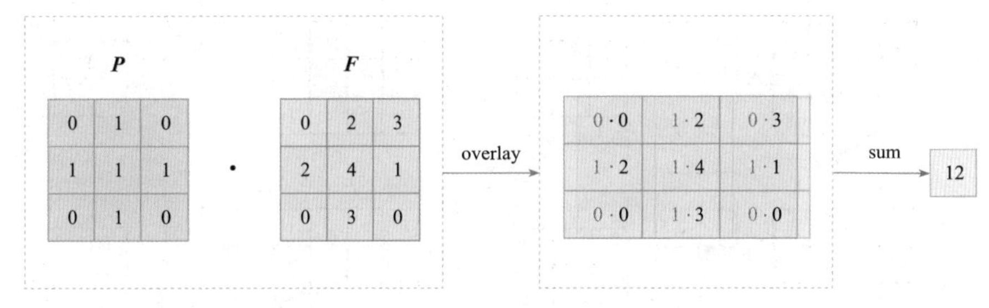

图6.2　两个矩阵的卷积运算

如果我们的区域 $\boldsymbol{P}$ 具有不同的图形特征，比如像一个字母 L 型：

$$\boldsymbol{P}=\begin{bmatrix}1&0&0\\1&0&0\\1&1&1\end{bmatrix}$$

那么，它与 $\boldsymbol{F}$ 的卷积结果就比较小：5。由此可见，区域图形特征与滤波器“看起来”越相似，卷积运算的结果越大。为方便运算，我们为每个滤波器 $\boldsymbol{F}$ 定义一个偏差参数 b，在应用非线性（激活函数）之前与卷积结果相加。

一层 CNN 可包含若干个卷积滤波器（各含有一个偏差参数），就像一个普通 FFNN 包含多个单元。第一（最左）层的每个滤波器，从左向右，从上向下，滑动扫过整个输入图像，并在每个迭代进行卷积运算。

图 6.3 分 6 步解释一个滤波器与输入图像进行卷积的过程。

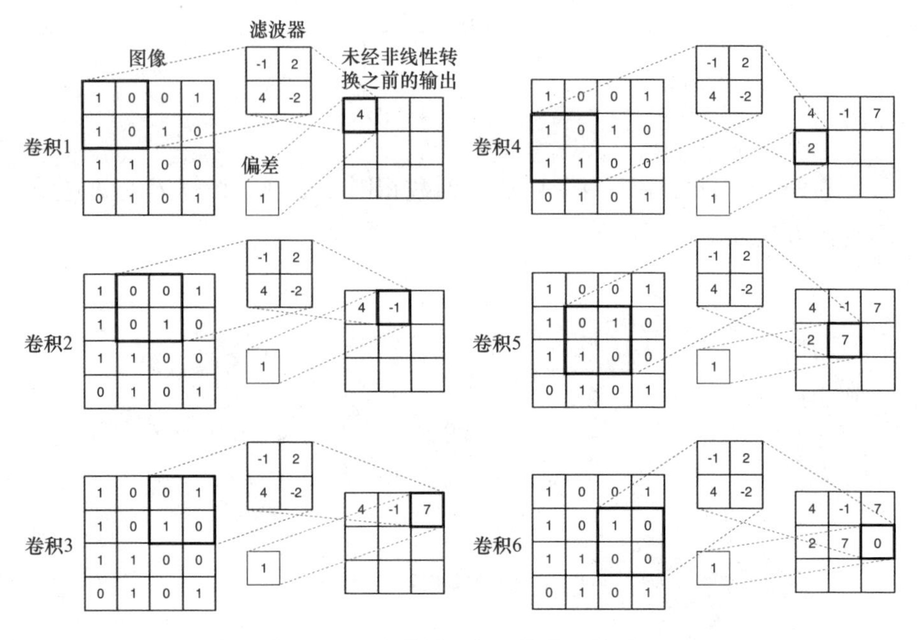

图 6.3　一个滤波器与图像卷积的过程

滤波器矩阵（每层中的每一个）以及偏差值均为可训练参数，并由梯度下降及反向传播法优化。

接下来，我们对卷积结果与偏差值的和进行非线性转换。一般来说，每个隐藏层都使用 ReLU 激活函数。而输出层的激活函数则取决于具体任务。

由于每一层 l 可有 size_l 个滤波器，因此卷积层的输出可包括 size_l 个矩阵，每个对应一个滤波器。

如果 CNN 含有两个相互连接的卷积层，第 $l+1$ 层将第 l 层的输出视为 size_l 个图像矩阵的集合。我们称这一个集合为一个**卷**（volume），集合的大小为卷的深度。第 $l+1$ 层的每个滤波器与整个卷进行卷积运算。一个卷的一个区域的卷积是该区域与卷中包含矩阵的卷积的和。

例如，一个区域与一个3层深度卷的卷积运算过程如图6.4所示。具体计算过程展开为：

$$[-2\cdot3+3\cdot1+5\cdot4+(-1)\cdot1]+[(-2)\cdot2+3\cdot(-1)+5\cdot(-3)+(-1)\cdot1]+[(-2)\cdot1+3\cdot(-1)+5\cdot2+(-1)\cdot(-1)]+(-2)=-3$$

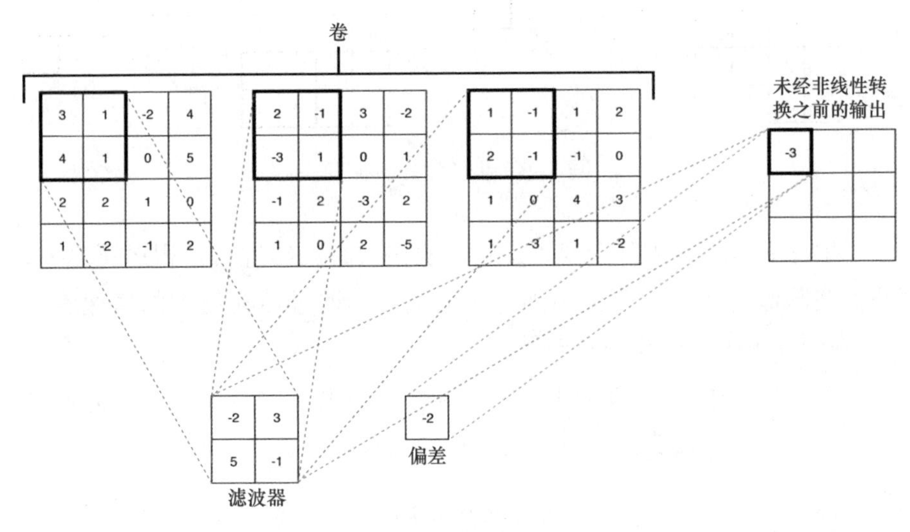

图6.4　一个卷的卷积包含3个矩阵

在计算机视觉领域，图像常由3个通道（R、G和B）表示，每个通道对应一个单色调图像。因此，CNN常以卷作为输入。

卷积的两个重要属性是**步长**（stride）和**填充**（padding）。在图6.3的例子中，卷积步长为1，也就是说滤波器每次向右或向下滑动一格（cell）。在图6.5中，我们也可以看到一个步长为2的卷积的部分例子。不难看出，当步长较大时，输出矩阵则比较小。

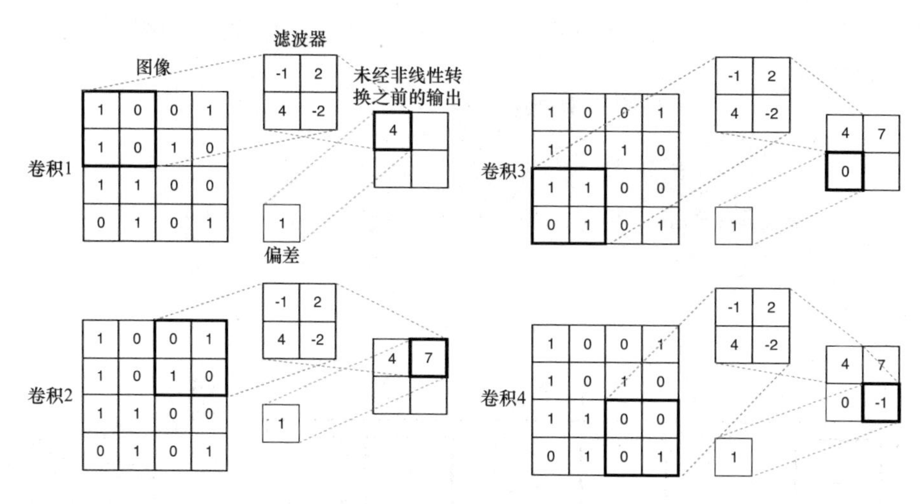

图6.5 步长为2的卷积

填充后，输出矩阵会变大；它代表在与滤波器进行卷积运算之前，我们在图像（或卷）周围增加的格的宽度。通过填充增加的格通常为0。在图6.3中，填充为0，所以图像中没有加入任何附加格。而在图6.6中，步长为2，填充为1，则图像周围多出一个宽度为1的方形区域。可见，当填充值较大时，输出矩阵也较大①。

图6.7是一个填充为2的例图。填充可以帮助较大的滤波器更好地“扫描”图像边缘。

最后，我们不得不提到**池化法**（pooling），一种经常用于CNN的方法。池化操作与卷积非常相似，同样通过滑动窗口法使用一个滤波器。区别在于，卷积运算中的滤波器是可训练的，而池化层应用一个固定的运算，通常是最大值（max）或平均值（average）运算。与卷积运算相同，池化也有超参数：滤波器的大小和步长。如图6.8所示，一个最大池化的滤波器大小及步长均为2。

① 为节省空间，图6.6中只显示9个卷积运算中的前两个。

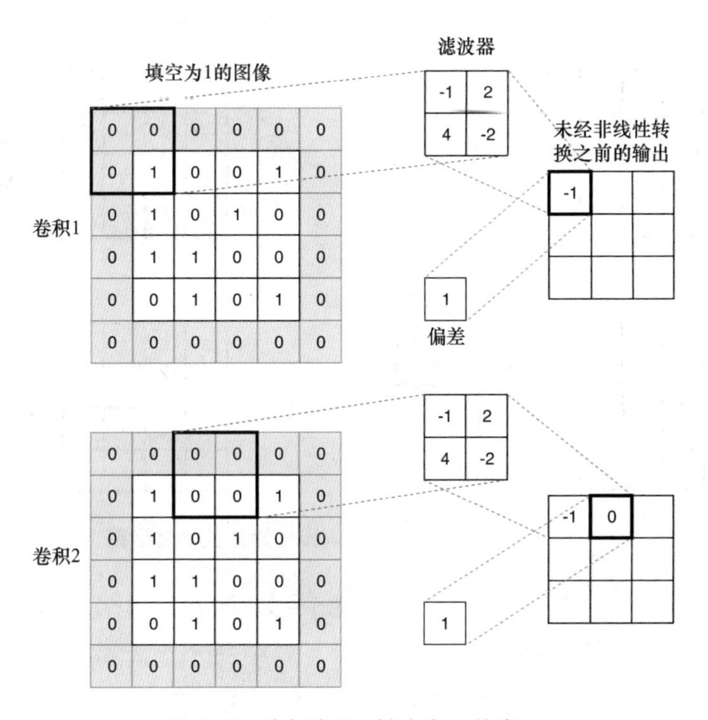

图6.6　步长为2、填充为1的卷积

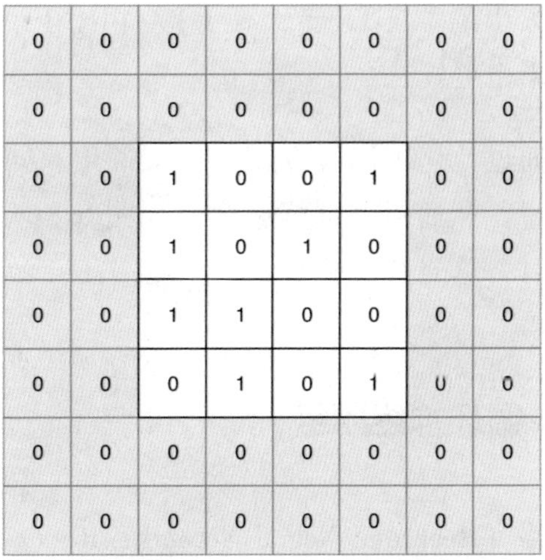

0	0	0	0	0	0	0	0
0	0	0	0	0	0	0	0
0	0	1	0	0	1	0	0
0	0	1	0	1	0	0	0
0	0	1	1	0	0	0	0
0	0	0	1	0	1	0	0
0	0	0	0	0	0	0	0
0	0	0	0	0	0	0	0

图6.7　填充为2的图像

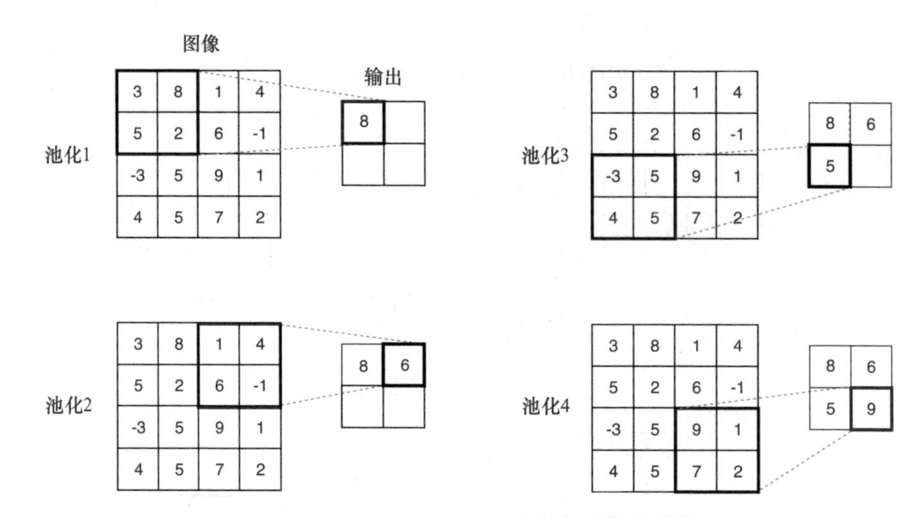

图6.8 滤波器大小为2、步长为2的池化运算

一般情况下，一个池化层常连接于一个卷积层之后，以卷积层的输出为输入。当应用池化于一个卷时，卷中每个矩阵被独立处理。因此，应用于一个卷的池化层输出与输入卷的深度相同。

总而言之，池化只有超参数，而没有可学习的参数。一般实践中常用的滤波器的大小是2或3，步长等于2。相比于平均池化，最大池化更常用，其效果也更好。

一般来说，通过池化可以提高模型的准确度。同时，它也减少了神经网络的参数量，从而提高训练速度（如图6.8所示，当滤波器大小和步长同为2时，总的参数量减半）。

6.2.2 循环神经网络

循环神经网络（Recurrent Neural Network，RNN）可用于标注、分类或生成序列数据。一个序列是一个矩阵，每行是一个特征向量，且每行的次序很重要。标注一个序列是为序列中的每个特征向量预测一个类别。对一个序列进行分类是对整个序列进行预测。生成一个序列则是根据原输入序列输出另一个序列（可以为不同长度）。

RNN 常用于文本处理，因为句子和文本都是由单字和标点符号组成的自然序列。同时，循环神经网络也常用于语音处理。

不同于一个前馈神经网络，循环神经网络包含循环。简单来说，循环层 l 的每个单元 u 都有一个表示**状态**（state）的实数值 $h_{l,u}$。该状态可视为单元的记忆。在 RNN 中，每一层 l 中的每个单元 u 接受两个输入：前一层 $l-1$ 输出的状态向量，以及同一层 l 中前一个时刻的状态向量。

为了更直观地说明，我们以一个 RNN 的前两个循环层为例。第一层（最左）接受一个特征向量为输入。第二层接受第一层的输出为输入。

具体情况如图 6.9 所示。正如我们刚介绍的，每个训练样本是一个矩阵，矩阵的每行是一个特征向量。为了简化说明，我们用一个向量序列表示这个矩阵 $\boldsymbol{X}=[\boldsymbol{x}^1, \boldsymbol{x}^2, \cdots, \boldsymbol{x}^{t-1}, \boldsymbol{x}^t, \boldsymbol{x}^{t+1}, \cdots, \boldsymbol{x}^{\mathrm{length}_{\boldsymbol{x}}}]$，$\mathrm{length}_{\boldsymbol{x}}$ 是输入序列的长度。假设我们的输入样本 $\boldsymbol{X}$ 是一个句子，则每个特征向量 $\boldsymbol{x}^t$ 代表句子中位于 t 位的字，$t=1, \cdots, \mathrm{length}_{\boldsymbol{x}}$。

如图 6.9 所示，在 RNN 中，输入样本的特征向量由神经网络按时间步长（timestep）逐个“读取”。索引 t 代表一个时间步长。我们需要在每个时间步长 t，为每层 l 的每个单元 u 更新状态 $h_{l,u}^t$。首先，计算一个输入特征向量与状态向量 $\boldsymbol{h}_{l,u}^{t-1}$ 的线性组合。$\boldsymbol{h}_{l,u}^{t-1}$ 是同层中前一个时间步长 $t-1$ 的状态向量。两个向量的线性组合由两个参数向量 $\boldsymbol{w}_{l,u}$，$\boldsymbol{u}_{l,u}$ 以及一个参数 $b_{l,u}$ 计算得出。接着，在线性转换的结果中应用激活函数 g_1，可得 $\boldsymbol{h}_{l,u}^t$ 的值。一般来说，我们常用 $tanh$ 作为激活函数 g_1。输出 $\boldsymbol{y}_l^t$ 通常是一个向量，由同时计算整层 l 得到。要计算 $\boldsymbol{y}_l^t$，我们需要另一个激活函数 g_2。输入一个向量，g_2 返回一个与输入相同维度

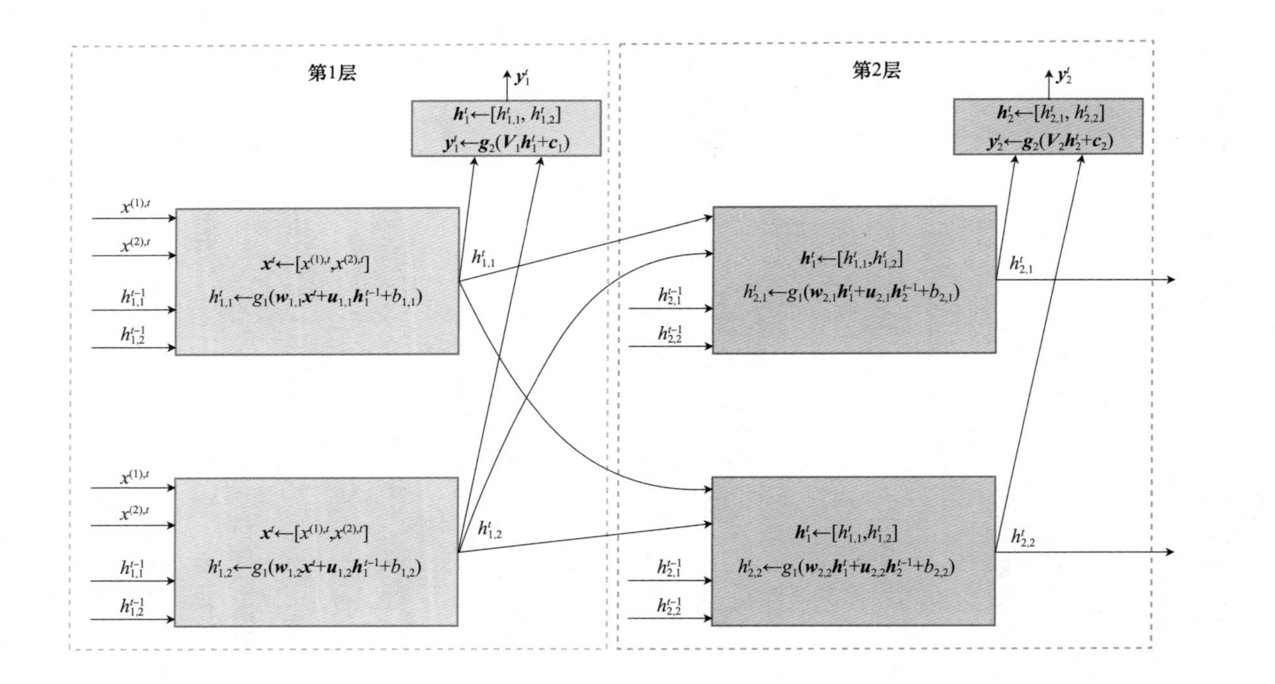

图6.9　一个RNN的前两层

注：输入是二维特征向量，每层有两个单元。

的向量。接下来，我们对状态函数值 $\boldsymbol{h}_{l,u}^{t}$ 的线性组合应用 g_2。$\boldsymbol{h}_{l,u}^{t}$ 由一个参数矩阵 $\boldsymbol{V}_l$ 及一个参数向量 $\boldsymbol{c}_{l,u}$ 计算得出。在分类问题上，可以选择 softmax 函数作为 g_2：

$$\boldsymbol{\sigma}(z) \stackrel{\text{def}}{=} [\sigma^{(1)},\cdots,\sigma^{(D)}], \text{其中 } \sigma^{(j)} \stackrel{\text{def}}{=} \frac{\exp(z^{(j)})}{\sum_{k=1}^{D}\exp(z^{(k)})}$$

softmax 函数是 sigmoid 应用于多维度输出的泛化。它具有以下特质：$\sum_{j=1}^{D}\sigma^{(j)}=1$，且对任何 j 值 $\sigma^{(j)}>0$。

矩阵 $\boldsymbol{V}_l$ 的维度由数据科学家选择。$\boldsymbol{V}_l$ 与向量 $\boldsymbol{h}_l^{t}$ 的乘积是一个与向量 $\boldsymbol{c}_l$ 相同维度的向量。具体选择取决于训练数据中输出标签 y 的维度。（在此之前，我们只介绍了一维标签，在后面的章节中我们也会见到多维度的标签。）

要从训练数据中计算 $\boldsymbol{w}_{l,u}$，$\boldsymbol{u}_{l,u}$，$b_{l,u}$，$\boldsymbol{V}_{l,u}$ 及 $\boldsymbol{c}_{l,u}$ 的值，可使用梯度下降和反向传播。训练 RNN 模型需要一种特殊的反向传播——**通过时间反向传播**（backpropagation through time）。

tanh 和 softmax 同样受到梯度消失问题的影响，即使是只有一两层循环层的 RNN。由于输入是有顺序的，因此反向传播需要按时间“展开”网络。从计算梯度的角度，这意味着输入序列越长，展开的网络越深。

RNN 的另一个问题是长期依赖问题。随着输入序列长度的增加，序列中靠前的特征向量容易被“遗忘”。这是因为每个单元的状态等同于网络的记忆，很大程度上受到最近读取的特征向量影响。因此，在处理文本或语音数据时，长句子中间隔较远的词之间的因果关系无法保留。

实践中最有效的循环神经网络模型是**门控** RNN（gated RNN）。其中包括**长短记忆单元**（long short-term memory，LSTM）网络，以及基于**门控循环单元**（gated recurrent unit，GRU）的网络。

在 RNN 中使用门单元（gated unit）的好处是，网络可以信息储存，以供之后使用。这与计算机内存中的比特（bit）很相似。与真正内存的区别在于，储存在单元中的信息的读、写以及消除均由值域为（0，1）的激活函数控制。一个训练后的神经网络可以“读取”特征向量的输入序列，并提前在某个时间 t 决定保留特征向量的特定信息。模型可以利用之前储存的信息，处理之后输入的特征向量。譬如，如果输入文本的第一个字是她，一个语言处理 RNN 模型可决定储存关于性别的信息，并用于正确理解之后出现在句子中的她们。

单元决定哪些信息需要储存，什么时候读、写以及消除信息。具体决策需要从数据中学习，并以门（gate）的形式实现。门单元的架构有多种。一种简单而有效的架构叫**极简门控** GRU（minimal gated GRU），由一个记忆单元和一个遗忘门组成。

我们以 RNN 的第一层（接受特征向量序列为输入的层）为例来了解一下 GRU 单元的数学计算过程。在前一时间步长，第 l 层的一个极简门控 GRU 单元 u 接受两个输入：同层所有单元的记忆单元值向量 $\boldsymbol{h}_l^{t-1}$ 以及一个特征向量 $\boldsymbol{x}^t$。接下来，按以下步骤对两个向量进行运算（下面所有步骤均在单元内逐个运行）。

$$
\begin{aligned}
&\widetilde{h}_{l,u}^t \leftarrow g_1(\boldsymbol{w}_{l,u}\boldsymbol{x}^t + \boldsymbol{u}_{l,u}\boldsymbol{h}_l^{t-1} + b_{l,u}),\\
&\Gamma_{l,u}^t \leftarrow g_2(\boldsymbol{m}_{l,u}\boldsymbol{x}^t + \boldsymbol{o}_{l,u}\boldsymbol{h}^{t-1} + a_{l,u}),\\
&h_{l,u}^t \leftarrow \Gamma_{l,u}^t\,\widetilde{h}_l^t + (1 - \Gamma_{l,u}^t)h_l^{t-1},\\
&\boldsymbol{h}_l^t \leftarrow [h_{l,1}^t, \cdots, h_{l,\mathrm{size}_l}^t]\\
&\boldsymbol{y}_l^t \leftarrow g_3(\boldsymbol{V}_l\boldsymbol{h}_l^t + \boldsymbol{c}_{l,u})
\end{aligned}
$$

其中，g_1 是一个 tanh 激活函数，g_2 称为门函数（gate function），以 sigmoid 实现并取值（0，1）。当门 $\Gamma_{l,u}$ 的值接近 0 时，记忆单元保存其在前一时间步长 h_l^{t-1} 的值。另一方面，当门 $\Gamma_{l,u}$ 的值接近 1 时，记忆单元的值被一个新的值 $\tilde{h}_{l,u}^t$ 覆盖（以上步骤中第 3 个赋值）。跟标准 RNN 一样，g_3 通常是 softmax 函数。

一个门单元可保存一个输入一段时间。这等同于对一个输入应用一个恒等函数（identity function，$f(x)=x$）。因为恒等函数的导数是常数，通过时间反向传播训练含有门单元的网络时梯度不会消失。

以 RNN 为基础的主要延伸模型包括**双向循环神经网络**（bi-directional RNN），含有**注意力**（attention）的循环神经网络以及**序列到序列循环神经网络**（sequence-to-sequence RNN）模型。尤其是最后一种，常用于构建神经机器翻译模型和其他文本到文本转换的模型。RNN 的泛化是**递归神经网络**（Recursive Neural Network）。

第 7 章
问题与解决方案

7.1 核回归

在之前的章节中，我们已经介绍过线性回归。不过，当数据点的排列不呈一条直线时，该如何处理呢？多项式回归可以派上用场了。假如现有数据是一组一维数据 $\{(x_i, y_i)\}_{i=1}^N$，我们可以尝试用一条二次曲线拟合。定义损失函数为均方误差（mean squared error，MSE），便可以使用梯度下降，求解将函数最小化的参数值 w_1，w_2 以及 b。在一维或二维空间内，我们可以直观地看到函数与数据是否拟合。然而，当输入数据为 D 维（$D>3$）时，要找到正确的多项式就变得复杂得多。

核回归是一种非参数方法（non-parametric method）。也就是说，我们不需要学习任何参数，模型基于数据本身（如数据在 kNN 中的使用）。简单来说，通过核回归，我们想要得到以下模型：

$$f(x) = \frac{1}{N}\sum_{i=1}^{N} w_i y_i, \quad \text{其中 } w_i = \frac{Nk\left(\frac{x_i - x}{b}\right)}{\sum_{l=1}^{N} k\left(\frac{x_l - x}{b}\right)} \tag{7.1}$$

函数 $k(\cdot)$ 称为**核**（kernel）。核的作用等同于相似度函数：x 与

x_i 越相似，系数 w_i 的值越大；反之则越小。核可具有多种不同形式，其中最常用的是高斯（Gaussian）核：

$$k(z) = \frac{1}{\sqrt{2\pi}}\exp\left(\frac{-z^2}{2}\right)$$

式 7.1 中，b 是一个超参数，需要我们在验证集中调试选出（先通过特定 b 值构建模型，再应用于验证集样本计算 MSE）。通过图 7.1，可以看出 b 值对回归线形态的影响。

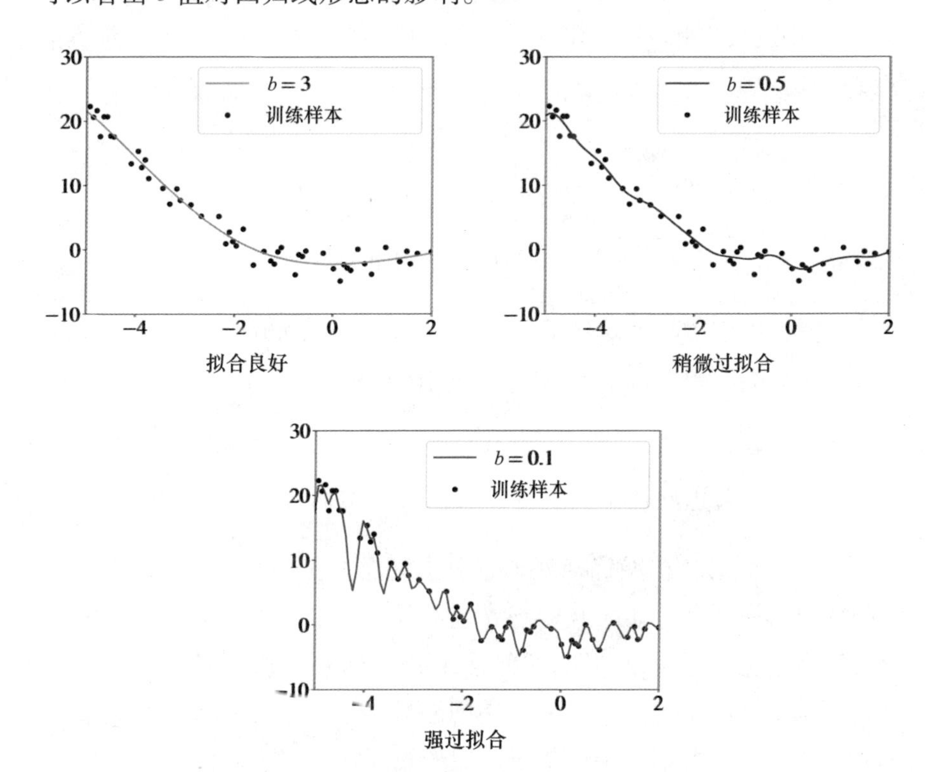

图 7.1 使用高斯核和 3 个不同 b 值的核回归线

如果输入数据是高维度特征向量，式 7.1 中的 $x_i - x$ 和 $x_l - x$ 项可分别替换为欧氏距离 $\|\boldsymbol{x}_i - \boldsymbol{x}\|$ 和 $\|\boldsymbol{x}_l - \boldsymbol{x}\|$。

7.2 多类别分类

尽管许多分类问题可以定义为二分类问题，仍有一些需要两个以上类别。这时，我们的机器学习算法也需要做出相应的改变。

在多分类问题中，标签是集合 C 中的一个类别：$y \in \{1, \cdots, C\}$。许多机器学习算法是二元的，其中一个例子是 SVM。有些算法可以直接用于多分类问题。ID3 和其他决策树学习算法则需要进行简单的改变：

$$f_{\mathrm{ID3}}^{S} \stackrel{\mathrm{def}}{=} \Pr(y_i = c \mid \boldsymbol{x}) = \frac{1}{|S|} \sum_{\{y \mid (\boldsymbol{x}, y) \in S, y = c\}} y$$

其中，c 为所有 $c \in \{1, \cdots, C\}$，S 是实现预测的叶节点。

在对数概率回归中，只需将 sigmoid 替换为 **softmax 函数**，便可用于解决多分类问题。在第 6 章中，我们已经见过 softmax 函数。

kNN 同样可以直接扩展为多分类算法：先找出距离输入 $\boldsymbol{x}$ 最近的 k 个样本，再检查这些样本的类别，占多数的类别即是预测结果。

SVM 不能通过扩展直接用于多分类问题。其他算法则在解决二分类问题时效率更高。如果我们现在需要用二分类学习算法解决一个多分类问题，需要怎么做呢？一种常用的策略是**一对多法**（one versus rest）。基本想法是，将一个多分类问题转换成 C 个二元分类问题，并构建 C 个二元分类器。举个例子，假如我们现在有 3 个类别 $y \in \{1, 2, 3\}$，需对原数据集创建多个备份并加以变形。在第一个备份中，我们将所有类别不等于 1 的样本标签替换为 0。在第二个备份中，将所有类别不等于 2 的样本标签替换为 0。在第三个备份中，将所有类别不等于 3 的样本标签替换为 0。这样一来，我们就有了 3 个二元分类问题，分别区分标签 1 和 0、2 和 0、3 和 0。

有了 3 个模型之后，在对新输入特征向量 **x** 进行分类时，我们使用每个模型，并得到 3 个预测。接着，我们选择**最确定**（the most certain）的非 0 类预测为最终结果。之前我们提到，对率回归模型返回一个评分（0 到 1 之间）而不是一个类别。该评分可理解为某类别为正的概率，也可理解为模型对预测结果有多大把握（certainty）。在 SVM 中，与其对应的是输入 **x** 距离决策边界的距离 d，计算方法如下：

$$d \stackrel{\text{def}}{=} \frac{\mathbf{w}^* \mathbf{x} + b^*}{\|\mathbf{w}\|}$$

距离越长说明预测越有把握。大多数学习算法，或可直接扩展为多元分类器，或可以返回一个评分用于一对多策略。

7.3 单类别分类

有时候，样本集中只有一个类别。而我们想要训练一个模型，用于区分该类别样本和所有其他类别。

单类分类问题（one-class classification）又称为**一元分类问题**（unary classification）或**类别建模**（class modeling）。通过从只含有单个样本类别的训练集中学习，试图从所有物体中识别该类别的物体。这与传统分类问题有所不同，难度也更高。传统问题试图区分两个或多个类别，所需的训练集包括所有相关类别的样本。一个常见的单类分类问题是，将一个安全计算机网络流量分类为正常。在这个场景中，被攻击或被入侵的流量样本数少之又少。反而，正常流量的样本却非常多。单类别分类学习算法常用于异常值检测（outlier detection，anomaly detection）和新奇检测（novelty detection）。

单类别分类的算法有多种，实用的有**单类高斯**（one-class Gaussian）、

单类k均值、**单类kNN**及**单类SVM**。

单类高斯的基本原理如下。首先，我们假设数据满足高斯分布，更具体地说是满足**多元正态分布**（multivariate normal distribution，MND），对数据建模。MND的**概率密度函数**（probability density function，pdf）可由以下等式计算得出：

$$f_{\boldsymbol{\mu},\boldsymbol{\Sigma}}(\boldsymbol{x}) = \frac{\exp\left(-\frac{1}{2}(\boldsymbol{x}-\boldsymbol{\mu})^{\mathrm{T}}\boldsymbol{\Sigma}^{-1}(\boldsymbol{x}-\boldsymbol{\mu})\right)}{\sqrt{(2\pi)^{D}|\boldsymbol{\Sigma}|}}$$

其中，$f_{\boldsymbol{\mu},\boldsymbol{\Sigma}}(\boldsymbol{x})$ 返回与特征向量 $\boldsymbol{x}$ 相应的概率密度函数。概率密度可以看作样本 $\boldsymbol{x}$ 取样自一个概率分布的似然值，我们用MND对该分布建模。$\boldsymbol{\mu}$（一个向量）和 $\boldsymbol{\Sigma}$（一个矩阵）均是需要学习的参数。通过**优化似然值最大化**（maximum likelihood）标准（同我们解决对率回归问题相似）可得到两个参数的最优值。$|\boldsymbol{\Sigma}| \stackrel{\text{def}}{=} \det\boldsymbol{\Sigma}$，为矩阵 $\boldsymbol{\Sigma}$ 的**行列式**（determinant）；$\boldsymbol{\Sigma}^{-1}$表示 $\boldsymbol{\Sigma}$ 的**逆矩阵**（inverse）。

如果读者对行列式和逆矩阵还比较陌生，没有关系。它们都是向量和矩阵的标准运算，属于数学分支学科**向量理论**（matrix theory）的范畴。如果读者觉得有必要进一步了解向量理论，网上有很多解释这类概念的资料。

在实践中，向量 $\boldsymbol{\mu}$ 的值决定我们定义的正态分布曲线中心的位置。而 $\boldsymbol{\Sigma}$ 中的数值决定曲线的形状。在图7.2的例子中，我们应用一个单类高斯模型于训练数据，训练数据只包含二维特征向量。

当我们从数据中学得模型参数 $\boldsymbol{\mu}$ 和 $\boldsymbol{\Sigma}$ 后，便可利用 $f_{\boldsymbol{\mu},\boldsymbol{\Sigma}}(\boldsymbol{x})$ 预测每个输入 $\boldsymbol{x}$ 的似然值。当样本的似然值超过某个阈值时，我们便预测它属于这个类别；否则，我们认为它是异常值。阈值可通过试验选择，或通过“有根据的猜测（educated guess）”选择。

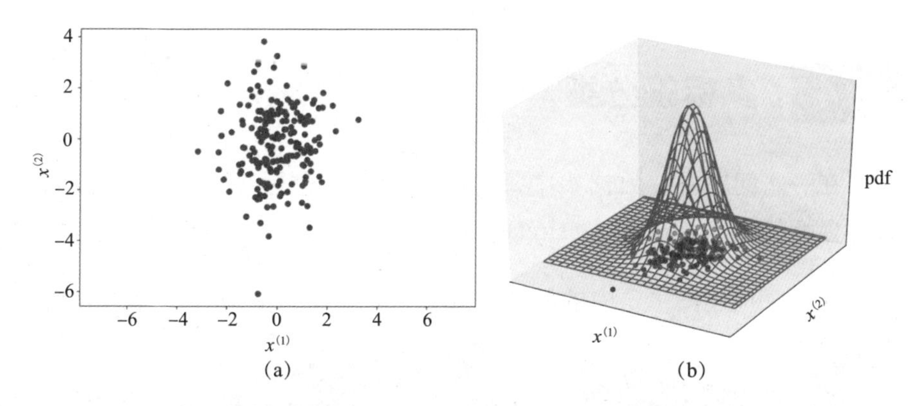

图 7.2 使用单类高斯方法解决单类别分类问题

注：(a) 二维特征向量；(b) 将图 7.2 (a) 样本似然值最大化的 MND 曲线。

当数据排列呈现更复杂的形状时，一种更高级的算法可以使用若干个高斯方法的组合（混合高斯）。这时，需要从数据中学习的参数更多：每个高斯方法有 1 个 $\boldsymbol{\mu}$ 和 1 个 $\boldsymbol{\Sigma}$，以及将多个高斯方法组合成一个方法的概率密度函数的参数。在第 9 章中，我们会介绍混合高斯方法在聚类问题上的应用。

单类 k 均值和单类 kNN 基于同单类高斯方法类似的原理：先对数据建模，再根据模型以及一个阈值判断新的特征向量是否与其他样本相似。在单类 k 均值中，所有训练样本通过 **k 均值**（k-mean）算法聚类。对一个新样本 $\boldsymbol{x}$，距离 $d(\boldsymbol{x})$ 计算 $\boldsymbol{x}$ 到每个簇中心的距离，再选最小距离。如果 $d(\boldsymbol{x})$ 小于某个阈值，则 $\boldsymbol{x}$ 属于该类别。

单类 SVM，根据其具体形式，试图从原点（在特征空间内）分隔所有训练样本，并将超平面与原点间距离最大化，或者在数据周围创造一个球形边界，并使该超球面（hypersphere）体积最小化。关于单类 kNN 算法，以及单类 k 均值和单类 SVM 的更多细节，读者可在附加阅读材料中找到。

7.4 多标签分类

在一些问题中，数据集中每个样本可由多个标签描述。这种问题称为**多标签分类**（multi-label classification）。

比如，描述图7.3中的照片，我们可以同时使用多个标签：“树”“山”“公路”。

图7.3 一张被标注为“树”“山”和“公路”的照片

如果可选标签值的数量很大，又都属于同一种属性，我们可把每个有标注样本转换成多个有标签样本，每个对应一个标签。新的样本具有相同的特征向量，且只有一个标签。这样，我们的问题就变成了多类别分类问题，可以使用一对多法解决。相比于普通的多分类问题，区别在于现在有一个新的超参数：阈值。对一个输入特征向量，如果某些标签的预测评分高于阈值，我们便预测这些标签适用于输入。这种情况下，一个特征向量可用来预测多个标签。阈值可通过在验证集测试中选择。

类似地，我们可以用能直接处理多类别分类问题的算法（决策树、对率回归和神经网络等）处理多标签分类问题。由于它们对每个类别返回一个评分，因此我们可以设定一个阈值并将评分高于阈值的标签作为预测。

神经网络算法可以通过使用**二元交叉熵**（binary cross-entropy）成本函数，训练多标签分类模型。在网络的输出层中，每个单元对应一个标签，都使用 sigmoid 为激活函数。于是，每个标签 l 都是二元（$y_{i,l} \in \{0, 1\}$），其中 $l=1, \cdots, L$ 及 $i=1, \cdots, N$。预测样本 $\boldsymbol{x}$ 含有标签 l 的概率$\hat{y}_{i,l}$，其二元交叉熵定义为：

$$-(y_{i,l}\ln(\hat{y}_{i,l}) + (1 - y_{i,l})\ln(1 - \hat{y}_{i,l}))$$

最小化标准是所有训练样本对于所有标签的二元交叉熵的均值。

当每个标签的可能值较少时，也可以使用另一种方法。我们可以将多标签分类问题转换为多类别分类问题。假设这样一个问题，我们想要标注一些图片，标签分为两类：第一类标签有两个可能值，即{照片、油画}；第二类标签的可能值有{人像、风景、其他}。我们可以为每种类别组合创建一个新的伪类别，如下所示：

伪类别	实际类别 1	实际类别 2
1	照片	人像
2	照片	风景
3	照片	其他
4	油画	人像
5	油画	风景
6	油画	其他

现在，在有标签样本不变的情况下，我们将原标签替换为从 1 至 6

的伪标签。当可能的类别组合不太多时，这种方法通常效果不错。不然，我们便需要更多的训练数据来补偿增加的类别数。

后一种方法的主要优势在于，它可以保持标签间的相关性。相比之下，前一种方法对每个标签独立进行预测。对很多问题而言，标签间的相关性至关重要。比如，我们想要预测一封邮件是垃圾还是非垃圾，同时也预测它是普通还是重要邮件。我们应尽量避免预测标签为【垃圾，重要】。

7.5 集成学习

我们在第3章中介绍的基本算法普遍具有局限性。由于这些算法的简单性，由它们生成的模型常无法达到解决问题所需的准确率。我们可以考虑使用深度神经网络。然而在实践中，我们的数据量可能不足以训练一个深度神经网络。另一种方法是**集成学习**（ensemble learning）。

集成学习是一种学习方式，与其学习一个非常准确的模型，不如训练大量准确率较低的模型，再把这些弱模型的预测整合起来得到一个高准确度的**元模型**（meta-model）。

低准确率的模型通常由**弱学习器**（weak learner）生成。这些学习算法无法学习复杂模型，却能很快地训练和预测结果。最普遍的弱分类器是决策树算法，我们常在几个迭代之后便停止划分训练样本。这样所得出的树较浅，准确度也较低。不过，集成学习的意图在于，如果每个不同的树至少好于随机猜测，那么我们便可以通过整合大量的树得到一个比较准确的模型。

对输入 $\boldsymbol{x}$ 进行预测，我们通过加权投票整合每个弱模型的结果。加权投票的具体方式因算法而异，不过总体思路是一样的：如果弱模型一致认为某邮件是垃圾邮件，我们便预测 $\boldsymbol{x}$ 的标签为垃圾。

两个主要的集成学习方法分别为**提升法**（boosting）和**装袋法**（bagging）。

7.5.1 提升法与装袋法

提升法在原训练数据基础上使用弱学习器通过迭代创建多个模型。在创建的过程中，每个新的模型都试图“纠正”之前模型所犯的错误，因此每个模型都与之前的模型有所不同。最终的**集成模型**（ensemble model）由这些迭代生成的弱模型组合而成。

装袋法先创建多个训练数据的“备份”（每个备份之间稍有不同）。接着，我们使用弱学习器在每个备份数据上训练一个弱模型，并将模型整合。**随机森林**（random forest）便是基于这一想法的机器学习算法，应用广泛且效果一流。

7.5.2 随机森林

基本装袋法的流程如下。从一个训练集中，我们创建 B 个随机样本 $S_b(b=1, \cdots, B)$，并以 S_b 为训练集训练一个决策树模型 f_b。在随机取样 S_b 时，我们采用**放回取样**（sampling with replacement）。也就是说，我们从一个空集开始，从训练集中随机选取一个样本复制进 S_b，并保留原样本于训练集中。重复以上取样过程，直到 $|S_b| = N$ 为止。

训练结束后，我们得到 B 个决策树。对于回归问题，新样本 $\boldsymbol{x}$ 的预测结果是 B 个预测的均值：

$$y \leftarrow \hat{f}(\boldsymbol{x}) \stackrel{\text{def}}{=} \frac{1}{B}\sum_{b=1}^{B} f_b(\boldsymbol{x})$$

而对于分类问题，则用多数投票。

随机森林与基本装袋法只有一处区别。它使用树学习算法中的一种变体，在学习过程中每次划分时随机检查部分特征。这样做可以避免树之间的关联性：如果一个或一些特征预测能力较强，这些特征将被选来划分许多树中的样本。这会造成“森林”中出现多个相关联的树，反而对提高预测准确率没有帮助。集成模型可以增加模型表现的主要原因是，较好模型的预测结果可能不约而同，而较差的模型所犯的错误可能不尽相同。关联性可能造成较差的模型犯同样的错误，从而影响多数投票或平均的效果。

这里需要调试的重要超参数是树的个数 B 以及每次划分随机选择的特征数。

随机森林是广泛使用的集成学习算法。为什么它这么有效？原因是，通过从原数据集多次取样，我们降低了最终模型的**方差**（variance）。低方差意味着**过拟合**（overfitting）的风险较低。我们想要对某现象建模，理想情况是使用所有可能样本的群体。然而，我们的数据集只能包括整个群体的一小部分样本。当模型试图解释数据集中微小的方差时，便出现过拟合。如果很不走运，我们在取样训练集时包括一些不想要的（同时也无法避免）劣品样本：噪声、异常值，以及有过多或过少代表的样本。通过从训练集中随机放回取样，可以减少这些劣品样本带来的影响。

7.5.3 梯度提升

梯度提升法（gradient boosting）是另一个基于提升原理的有效集

成学习算法。我们先看一下用于回归问题的梯度提升。要构建一个强回归模型，我们先从一个常量模型$f=f_0$开始（与在ID3中类似）：

$$f = f_0(\boldsymbol{x}) \stackrel{\text{def}}{=} \frac{1}{N}\sum_{i=1}^{N} y_i$$

接着，我们将训练集中每个样本$i=1$，…，N的标签改为以下格式：

$$\hat{y}_i \leftarrow y_i - f(\boldsymbol{x}_i) \tag{7.2}$$

其中，$\hat{y}_i$称为**残差**（residual），是样本$\boldsymbol{x}$的新标签。

改变后的训练集用残差取代原标签，我们用它创建一个新的决策树模型f_1。现在，提升模型表示为$f \stackrel{\text{def}}{=} f_0 + \alpha f_1$，其中$\alpha$是学习速率（超参数）。

接下来，我们用式7.2重新计算残差，并再一次替换训练数据的标签。使用新训练集标签，我们训练一个新的决策树模型f_2，并更新提升模型为$f \stackrel{\text{def}}{=} f_0 + \alpha f_1 + \alpha f_2$。以此类推，直到组合树的量达到预设的最大值$M$。

如何理解这个过程呢？通过计算残差，我们可知由当前模型f对每个训练样本目标的预测效果（或好或坏）。在训练下一个树时，我们试图纠正当前模型所犯的错误（因此使用残差而不是原标签），并把加了权重α的新树组合到当前模型中。这样一来，每个新加入的树都纠正了之前的树所犯的部分错误，直到组合树的量达到最大值M（一个超参数）。

为什么这个算法叫梯度提升呢？与第4章介绍线性回归梯不同，在梯度提升算法中，我们甚至没有计算任何梯度。要理解梯度提升与梯度下降的区别，我们先回顾一下线性回归中计算梯度的目的：我们

想知道朝哪个方向移动参数的值才能得到 MSE 成本函数的最小值。梯度表示方向，但是我们并不清楚应该朝该方向移动多少距离。因此，我们每次迭代只移动一小步 α，再重新评估方向。梯度提升的意图也一样。只不过不直接计算梯度，而使用残差为其代理：它们表示应该如何调整模型，从而减少误差（残差）。

梯度提升中需要微调的 3 个主要超参数是树的数量、学习速率以及树的深度。3 个参数都会影响模型的准确度。树的深度也会影响训练和预测的速度：树的深度越浅，速度越快。

使用残差进行训练可以优化整个模型 f 的均方误差标准。我们可以看出提升法与装袋法的区别：提升法减少了偏差（为了欠拟合）而不是方差。这样一来，提升法可能造成过拟合。不过，过拟合可以在很大程度上通过微调树的深度和数量来避免。

用于解决分类问题的梯度提升也很类似，只是步骤有所不同。假设一个二分类问题，我们有 M 个回归决策树。集成决策树的预测通过使用 sigmoid 实现，这与对率回归相同：

$$\Pr(y=1 \mid \boldsymbol{x}, f) \stackrel{\text{def}}{=} \frac{1}{1+\mathrm{e}^{-f(\boldsymbol{x})}}$$

其中，$f(\boldsymbol{x}) \stackrel{\text{def}}{=} \sum_{m=1}^{M} f_m(\boldsymbol{x})$，$f_m$ 是一个回归树。

同样和对率回归类似的是，我们利用极大似然原理，即试图找到一个可以最大化 $L_f = \sum_{i=1}^{N} \ln[\Pr(y_i = 1 \mid \boldsymbol{x}_i, f)]$ 的 f。同样，为了避免数值溢出，我们最大化对数似然值的和，而不是似然值的积。

首先，算法初始一个常量模型 $f = f_0 = \frac{p}{1-p}$，其中 $p = \frac{1}{N}\sum_{i=1}^{N} y_i$（我们可以证明这是对于 sigmoid 最优的初始化）。接着，在每个迭代 m 中，

一个新树 f_m 被加进模型。为找到最优的 f_m，我们先以 $i=1$，…，N 求当前模型的偏导数 g_i：

$$g_i = \frac{\mathrm{d}L_f}{\mathrm{d}f}$$

其中，f 是在前一个迭代 $m-1$ 创建的集成分类模型。为计算 g_i，我们需要求 $\ln[\Pr(y_i=1 \mid \boldsymbol{x}_i, f)]$ 对 f 以及所有 i 的导数。需要注意的是，在 $\ln[\Pr(y_i=1 \mid \boldsymbol{x}_i, f)] \stackrel{\text{def}}{=} \ln\left[\frac{1}{1+\mathrm{e}^{-f(\boldsymbol{x}_i)}}\right]$ 中，等式右边对 f 的导数等于 $\frac{1}{\mathrm{e}^{f(\boldsymbol{x}_i)}+1}$。

然后，我们转换训练集，将原标签 y_i 替换为相应的偏导数 g_i，并使用新训练集构建一个新树 f_m。这样便可以得到最优更新步长 ρ_m：

$$\rho_m \leftarrow \arg\max_{\rho} L_{f+\rho f_m}$$

在迭代 m 的最后，我们更新集成模型 f，加入新树 f_m：

$$f \leftarrow f + \alpha \rho_m f_m$$

当 $m=M$ 时，停止迭代，并返回集成模型 f。

梯度提升是最有效的机器学习算法之一。不只是因为它可以创建非常准确的模型，还因为它可以处理具有百万级别样本量和特征量的大型数据集。一般情况下，它的准确率优于随机森林。不过，由于梯度提升算法的顺序性，训练起来要慢很多。

7.6 学习标注序列

序列是最常见的结构化数据之一。例如：人们相互交流使用文字

和语句序列；我们按顺序执行任务；我们的基因、音乐、视频、观察某个连续过程、汽车的移动以及一只股票的价格变化，都是序列。

序列标注（sequence labeling）是自动为序列中每个元素分配一个标签的问题。在该问题中，一个有标签序列的训练样本是一对数列（$\mathbf{X}$，$\mathbf{Y}$）。其中，$\mathbf{X}$ 是一列特征向量，每个对应一个时间步长（time-step）；$\mathbf{Y}$ 是同样长度的标注列。比如，$\mathbf{X}$ 可以表示一个句子中的词，如［“大”“漂亮”“汽车”］，$\mathbf{Y}$ 则代表所对应的词类（part of speech），如［“形容词”“形容词”“名词”］。更正式的表达方法时，在一个样本 i 中，$\mathbf{X}_i=[\mathbf{x}_i^1, \mathbf{x}_i^2, \cdots, \mathbf{x}_i^{\text{size}_i}]$。其中，$\text{size}_i$ 是样本 i 的序列长度，$\mathbf{Y}_i=[y_i^1, y_i^2, \cdots, y_i^{\text{size}_i}]$ 且 $y_i \in \{1, 2, \cdots, C\}$。

在介绍 RNN 神经网络模型时，我们知道它可以标注一个序列。在每个时间步长 t，RNN 读取一个输入特征向量 $\mathbf{x}_i^{(t)}$，并且在最后一个循环层输出一个标签 $\mathbf{y}_{\text{last}}^{(t)}$（二元标注问题）或 $y_{\text{last}}^{(t)}$（多类别或多标签标注）。

然而，RNN 模型并不是处理序列标的唯一选择。比如，**条件随机场**（Conditional Random Field，CRF）是另一个非常有效的模型，在处理大量特征的输入向量时通常效果很好。假设，现在我们要解决一个**命名实体抽取**（named entity extraction）问题，我们想要构建一个模型，用于将一个句子［如“I go to San Francisco”（我去旧金山）］中的每个单词标注为以下类别之一：{**地点**（location），**名字**（name），**企业名称**（company name），**其他**（other）}。如果我们的特征向量（代表词）包括二元特征，如“单词是否以大写字母开头”和“地址表中是否包含该单词”，这些信息便可以帮助我们将后两个单词分类为地点。

手动创建特征费时费力，而且对专业领域知识有较高要求。

CRF 的有趣之处在于，它可以视为对率回归在序列上的泛化。不过，在很多现实序列标注任务中，它已经被具有双向深度门控的 RNN 模型超越。同时，由于训练速度相当慢，因此 CRF 不适用于较大训练集（如十万级别样本量）。相比之下，深度学习网络更能从大量训练中受益。

7.7 序列到序列学习

序列到序列学习（sequence-to-sequence learning，seq2seq）是序列标注问题的一种泛化。在 seq2seq 中，X_i 和 Y_i 可具有不同长度。seq2seq 模型常应用于机器翻译（如输入为英语句子，输出为相对应的法语句子）、对话界面（输入为用户问题，输出为答案）、文本概要、拼写纠正等。

尽管不是全部，神经网络仍是解决很多 seq2seq 问题的最佳方案。用于 seq2seq 问题的网络包括两部分：一个**编码器**（encoder）和一个**解码器**（decoder）。

在 seq2seq 神经网络学习中，编码器是一个神经网络，以序列为输入。它可以是一个 RNN，也可以是 CNN 或其他架构。编码器的作用是读取输入并生成某种状态（与 RNN 中的状态相似）。该状态可认为是输入意义的数字表示，可被机器识别处理。某实体（比如一个图像、一段文字或一个视频）的意义通常由一个向量或一个实数矩阵表示。在机器学习术语中，这个向量（或矩阵）称为输入的**嵌入**（embedding）。

解码器是另一个神经网络，以一个嵌入为输入并输出一个序列。读者可能已经猜到，这里的嵌入来自编码器。生成输出序列的过程如下。首先，解码器接收一个输入特征 $\mathbf{x}^{(0)}$ 为**序列起始**（start of se-

quence）（一般全部为 0），生成第一个输出 $\boldsymbol{y}^{(1)}$。同时，将嵌入与输入 $\boldsymbol{x}^{(0)}$ 合并并更新解码器状态。接着，以输出 $\boldsymbol{y}^{(1)}$ 为下一个输入 $\boldsymbol{x}^{(1)}$。为方便理解，我们令 $\boldsymbol{y}^{(t)}$ 与 $\boldsymbol{x}^{(t)}$ 的维度相等；不过，这并不是必要条件。如我们在第 6 章所见，RNN 中的每一层可以同时输出多个输出：一个可以用于生成标签 $\boldsymbol{y}^{(t)}$，另一个不同维度的输出可作为 $\boldsymbol{x}^{(t)}$。

编码器与解码器可利用训练数据同时训练。解码器的误差通过反向传播反馈到编码器。

一个传统的 seq2seq 架构如图 7.4 所示。更准确的预测可以通过使用**注意力**（attention）机制获得。注意力机制由一组附加的参数实现，包括一些来自编码器的信息（在 RNN 中，这一信息是每个时间步长最后一个循环层的状态向量列）以及当前解码器生成标签的状态。与门单元和双向 RNN 相比，它可以更有效地保留长期依赖。

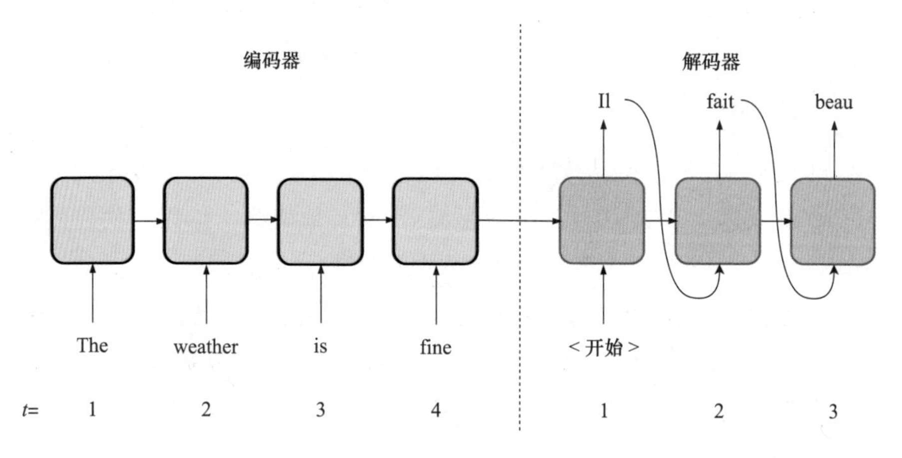

图 7.4 一个传统的 seq2seq 架构

注：通常，我们将编码器最后一层的状态作为嵌入。在图 7.4 中，嵌入从蓝色子网输入进紫色子网。

图 7.5 展示了一个具有注意力的 seq2seq 架构。

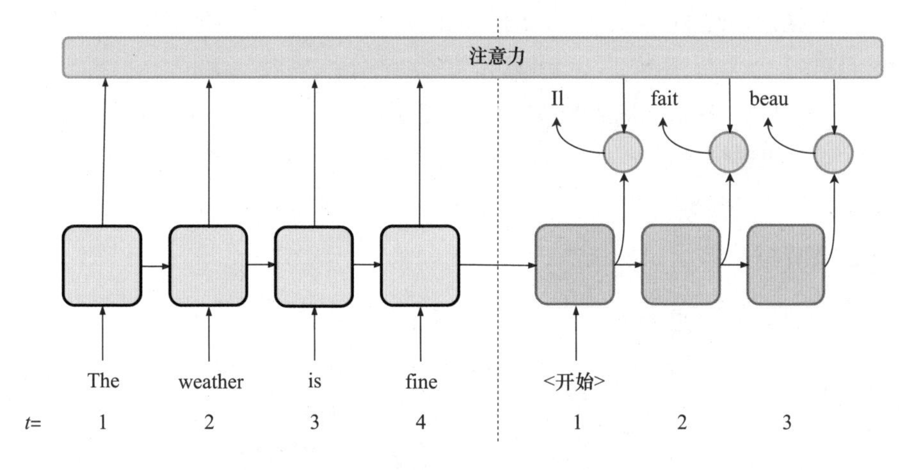

图 7.5　一个具有注意力的 seq2seq 架构

seq2seq 学习是一个相对较新的研究领域。新的网络架构陆续被发现，并发表于学术期刊、会议。由于超参数数量庞大，且网络结构设计变化无穷，因此训练此类架构本身就十分具有挑战性。

7.8　主动学习

主动学习（active learning）是一种有趣的监督学习方式，适用于获取有标签样本成本较高的场景。这类问题的特点是，标注数据需要依赖专家意见，如医疗或金融行业中标注患者或客户的信息。主动学习的理念是，从相对较少的有标注样本开始学习，再从大量无标注样本学习，并只对提高模型质量贡献最大的那部分样本进行标注。

主动学习的策略有多种，在这里我们只讨论其中两种：

- 数据密集并基于不确定性。
- 基于支持向量。

第一种策略是，使用由现有标签样本训练的当前模型 f，对其余每

个无标签样本进行标注（或为节省计算时间，只从中随机取样标注）。我们对每个无标签样本 $\boldsymbol{x}$ 计算重要性评分：密度（$\boldsymbol{x}$）·不确定性 $f(\boldsymbol{x})$。密度代表在 $\boldsymbol{x}$ 周围有多少邻近的样本，而不确定性代表模型 f 对 $\boldsymbol{x}$ 的预测结果的不确定性。在使用 sigmoid 的二分类问题中，预测结果越接近 0.5，预测确定性越低。在 SVM 中，样本越接近决策边界，预测越没有把握。

在多分类问题中，熵是一种常用的测量不确定性的指标：

$$H_f(\boldsymbol{x}) = -\sum_{c=1}^{C} \Pr(y^{(c)};\ f(\boldsymbol{x}))\ln[\Pr(y^{(c)};\ f(\boldsymbol{x}))]$$

其中，$\Pr(y^{(c)}; f(\boldsymbol{x}))$ 是模型 f 将类别 $y^{(c)}$ 分配给 $\boldsymbol{x}$ 的概率评分。不难看出，如果对于每个 $y^{(c)}$，$f(y^{(c)}) = \frac{1}{C}$，那么该模型最不确定，同时熵达到最大值。另一方面，如果对于一些 $y^{(c)}$，$f(y^{(c)}) = 1$，那么模型十分确定类别 $y^{(c)}$，熵为 0。

样本 $\boldsymbol{x}$ 的密度可以通过计算 $\boldsymbol{x}$ 到 k 个最近邻居之间距离的均值获得（k 是一个超参数）。

在得到每个无标签样本的重要性评分之后，我们请求专家意见标注分数最高的样本。接着，我们把新标注的样本加进训练集，再重新训练一个模型。重复以上过程，直到满足某个停止条件。我们可以提前设定一个停止条件（如根据现有预算，可以请求专家意见的最多次数）或根据模型基于某个指标的表现。

基于支持向量的主动学习策略，首先使用有标签数据构建一个 SVM 模型。接着，我们请求专家标注部分无标签样本，这些样本最靠近划分两类数据的超平面。如果样本最接近超平面，那么它的确定性最低，并可以最大程度上帮助缩小超平面的实际位置（我们的目的）的选择范围。

有的主动学习策略考虑请求专家进行标注的成本，也有的学习征求专家意见。“投票委员会”（query by committee）策略使用不同方法训练多个模型，再选择模型分歧最大的样本请专家进行标注。还有一些方法选择可以最大程度上降低模型偏差或方差的样本。

7.9 半监督学习

在**半监督学习**（semi-supervised learning，SSL）中，我们的数据集中同样只有一小部分有标签；其余的样本不具有标签。我们的目标是，在无须标注任何额外样本的前提下，利用大量无标签样本提升模型表现。

过去，人们曾提出了多种解决方案。然而，没有任何一种被广泛接受为最佳方案。例如，有一种常见的 SSL 方法叫**自学习**（self-learning）。在自学习中，我们先用一个学习算法和有标签数据构建一个初始模型。接着，我们使用该模型标注所有无标签样本。如果预测一个样本 $\boldsymbol{x}$ 的置信度高于某个阈值（通过实验选择），我们便将这个样本连同标签一起加入训练集，重新训练模型并继续，直到满足某个停止条件。比如，我们可以当模型准确度在最近 m 个迭代中都没有进步的情况下停止训练。

相比于只使用初始有标签的数据，上面的方法可以在一定程度上提高模型的表现，但是通常不会太大。相反，模型的实际表现甚至有可能下降。这取决于数据来自的统计分布属性，这些通常是未知的。

另外，近期神经网络学习的进步带来了一些显著的效果。例如，在一些数据集如 MNIST（常用于计算机视频领域，包含有标注的手写数字 0 至 9），使用半监督方式训练的模型可以在每个类别只有 10 个标注数据（总共 100 个标注数据）的情况下取得近乎完美的表现。而

MNIST 数据集本身含有 70 000 个有标签数据（60 000 个训练样本，10 000个测试样本）。取得这一出色表现的神经网络模型叫**梯形网络**（ladder network）。在解释梯形网络之前，我们先要理解什么是自编码器。

自编码器是一个包含编码器-解码器架构的前馈神经网络。我们训练它，重建它本身的输入。因此，训练样本是一对（$\mathbf{x}$，$\mathbf{x}$）。我们想要模型$f(\mathbf{x})$ 的输出$\hat{\mathbf{x}}$与输入 $\mathbf{x}$ 尽可能相似。

这里有一个重要的细节，那就是自编码器看起来像一个沙漏，因为中间有一个**瓶颈层**（bottleneck layer）。瓶颈层包含 D 维输入向量的嵌入；而嵌入层的单元数通常比 D 小得多。解码器的目标是从嵌入重建输入特征向量。从理论上讲，含有 10 个单元的瓶颈层足够对 MNIST 图像进行编码。图 7.6 中展示了一个典型的自编码器示意图，常用的成本函数有均方误差（特征可以是任意数）或二元交叉熵（特征是二元变量，且解码器的输出层使用 S 型激活函数）。

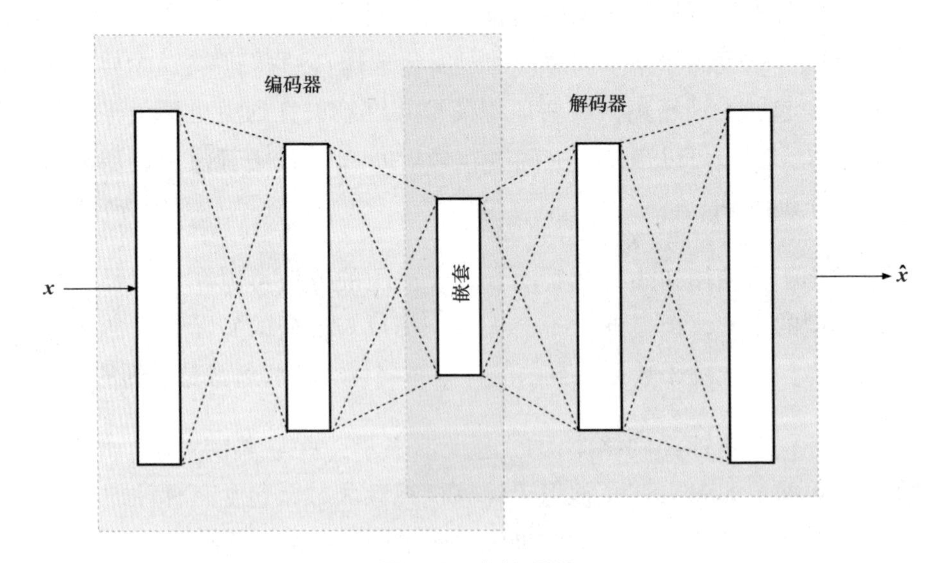

图7.6 自编码器

如果成本是均方误差，可表示为：

$$\frac{1}{N}\sum_{i=1}^{N}\ \| \boldsymbol{x}_i - f(\boldsymbol{x}_i) \|^2$$

其中，$\| \boldsymbol{x}_i - f(\boldsymbol{x}_i) \|$是两个向量间的欧氏距离。

一个**降噪自编码器**（denoising autoencoder）在训练数据中左边的$\boldsymbol{x}$的特征中添加随机波动，从而制造噪声。如果我们的样本是灰度图像，图中像素由0与1之间的值标记，每个特征中加入一个**正态高斯噪声**（normal Gaussian noise）。对输入样本$\boldsymbol{x}$的每个特征j，噪声值$n^{(j)}$从以下分布中取样：

$$n^{(j)} \sim \frac{1}{\sigma\sqrt{2\pi}}\exp\left(-\frac{(-\mu)^2}{2\sigma^2}\right)$$

其中，~符号的意思是“从…中取样”，π是恒定值3.141 59…，以及μ是一个超参数。新的含有噪声的特征$\boldsymbol{x}^{(j)}$，由$\boldsymbol{x}^{(j)}+n^{(j)}$计算得出。

梯形网络是降噪自编码器的升级版。编码器和解码器含有相同层数。模型直接使用瓶颈层预测标签（使用softmax激活函数）。该网络具有多个成本函数。对于编码器l层和与其对应的解码器的l层，成本C_d^l惩罚两层输出之间的差异（使用欧氏距离的平方）。当训练时使用了有标签样本，另一个成本函数C_c惩罚预测标签与实际标签的误差（使用负对数似然成本函数）。接着，我们通过小批量随机梯度下降法（minibatch stochastic gradient descent with backpropagation）优化总成本函数，$C_c+\sum_{l=1}^{L}\lambda_l C_d^l$（该批量中所有样本的均值）。每一层中，超参数$\lambda_l$的作用是折中分类成本和编码-解码产生的成本在总成本中的权重。

梯形网络不仅在输入中加入噪声，编码层的输出同样加入噪声

（在训练时）。当我们使用训练后的模型预测新输入 $\boldsymbol{x}$ 的标签时，则不加入噪声。

还有一些不使用神经网络的半监督学习技术。

其中一种先使用有标签数据构建模型，再用任意聚类算法（我们会在第9章介绍一部分）将无标签样本和有标签样本一起聚类。对于一个新样本，我们输出其所属聚类簇的多数标签为预测标签。

另一种方法称为S3VM，基于SVM算法。我们为每个可能的标签构建一个SVM模型，并选择间距最大的模型。关于S3VM的论文具体解释了一种不需要枚举所有标签即可解决该问题的方法。

7.10 单样本学习

讲到这里，我们不得不提到下面两个重要的监督学习形式。

第一个是**单样本学习**（one-shot learning），典型的应用是面部识别。在单样本学习中，我们训练一个模型，用于识别两张照片属于同一个人。如果我们输入两张照片分别属于不同的两个人，模型应可以识别两张照片中的不是同一个人。

另一种解决方案是，使用传统的方法构建一个二元分类器，以两个图像为输入并预测输出为正（属于同一个人）或负（分属两个人）。但是在现实中，这种方法会造成神经网络的体积加倍，因为每张图片需要各自的子网络对输入进行嵌入。训练这样一个网络可能非常困难，不只是因为它的大小，也因为获得正样本要比获得负样本困难许多。因此，这是一个非常不平衡的问题。

一种有效的解决方案是，训练一个**孪生神经网络**（Siamese Neural Network，SNN）。一个SNN可以由任何一种神经网络实现，可以是CNN、

RNN 或 MLP。网络一次只接收一个图像输入；所以网络体积不会加倍。在只使用一个输入图像的情况下，我们想要得到一个二元分类器判断“同一个人”和“不同的人”，需要一种特殊的方法训练该网络。

为训练一个 SNN，我们使用一个**三重损失**（triplet loss）函数。举个例子，如果我们的 3 张图像各包含一张脸孔：图像 A（参照）、图像 P（正例）和图像 N（负例）。其中，A 和 P 是同一个人的不同照片；N 是另一个人的照片。现在，每个训练样本是一个三元组（A_i，P_i，N_i）。

假设我们有一个神经网络模型 f 可以将一张脸孔图像输入变换为图像的嵌入作为输出。样本 i 的三重损失可定义为：

$$\max(\|f(A_i)-f(P_i)\|^2-\|f(A_i)-f(N_i)\|^2+\alpha,0) \quad (7.3)$$

成本函数则可定义为平均三重损失：

$$\frac{1}{N}\sum_{i=1}^{N}\max(\|f(A_i)-f(P_i)\|^2-\|f(A_i)-f(N_i)\|^2+\alpha,0)$$

其中，α 是一个正超参数。直观地理解，当网络输出的 A 和 P 嵌入向量相似时，$\|f(A)-f(P)\|^2$ 的值接近于零；当属于不同人的图像嵌入向量差异较大时，$\|f(A_i)-f(N_i)\|^2$ 的值也较大。在一切正常的情况下，$m=\|f(A_i)-f(P_i)\|^2-\|f(A_i)-f(N_i)\|^2$ 项将一直为负值，因为我们从一个较小的值中减去一个较大的值。通过调高 α 值，我们迫使 m 值变得更小，确保模型有较大余地学会识别两张脸是否属于同一个人。如果 m 不够小，那么由于 α 的值为正，因此模型的参数将通过反向传播更新。

与其随机选择一个图像为 N，一种更好的方法是，在训练几个周期后由现有模型选择与 A 和 P 相似的样本为备选 N。使用随机样本为 N 会严重影响训练速度，因为神经网络可以很轻易地判断两个随机选择的图片不属于同一个人，因此平均三元损失会一直比较低，参数更新也较慢。

为构建一个 SNN，我们首先要决定我们的网络架构。例如，如果我们的输入是图像，通常会选择 CNN。已知一个样本，要计算平均三元损失，需按顺序将模型应用于图像 A、P 和 N，再使用式 7.3 计算损失。我们按批量对所有三元组重复以上过程，并计算成本；网络参数通过梯度下降和向后传播更新。

一种对单样本学习的误解是，从每个实体中我们只需要一个训练样本。在实践中，为准确识别人像，我们需要每个人的多个样本。我们称其为“单样本学习”是因为它最常应用于基于面部识别验证。例如，我们可以通过类似的模型解锁手机。如果模型较好，我们只需要一张照片即可使手机学会识别，同时也学会识别其他人不是我们本人。有了模型之后，要判别两张照片 A 和 $\hat{A}$ 是否属于同一个人，我们需要检查 $\|f(A)-f(\hat{A})\|^2$ 是否小于一个超参数 τ。

7.11 零样本学习

在本章的最后我们介绍**零样本学习**（Zero-Shot Learning，ZSL）。它是一个相对较新的研究领域，因此没有太多经过实践验证的算法。这里，我们只介绍基本思路，具体算法的细节可查阅附加阅读材料。在零样本识别中，我们想要训练一个模型用于标注物体。最常见的应用场景是学习对图像进行标注。

然而，与普通分类问题不同，我们想要模型能够预测不存在于训练数据中的标签。这怎么可能？

这里用到的主要策略是，不只用嵌入表示输入 $\mathbf{x}$，同时也表示输出 $\mathbf{y}$。设想我们现在有一个模型，可以将任意英文单词转换为一个具有以下特质的嵌入向量：如果单词 y_i 与 y_k 意思相似，那么两个单词的嵌入向量也相似。例如，y_i 是 Paris（巴黎）而 y_k 是 Rome（罗马），则它们的嵌入相似；另一方面，如果 y_k 是 potato（土豆），y_i 与 y_k 的嵌入则不相似。这种嵌入向量称为**词嵌入**（word embedding），一般可通过余弦相似度①比较。

词嵌入的特征是，嵌入的每个维度代表一个词意的具体特征。例如，我们的词嵌入有 4 维（通常维度更高，如 50 至 300 维），则这 4 个维度可表示意义特征：**动物性**（animalness）、**抽象性**（abstractness）、**酸度**（sourness）和**黄色度**（yellowness）。这样一来，单词 bee（蜜蜂）的嵌入可为 [1，0，0，1]，单词 yellow（黄色）的嵌入可为 [0，1，0，1]，而单词 unicorn（独角兽）的嵌入可为 [1，1，0，0]。每个嵌入的具体值通过一种特定的训练过程从大量文本数据中获得。

现在，在分类问题中，我们可以将训练集中每个样本 i 的标签 y_i 替换为它的词嵌入，并训练一个多标签模型用于预测词嵌入。为取得一个新样本 $\boldsymbol{x}$ 的标签，将它输入模型 f，取得一个嵌入 $\hat{\boldsymbol{y}}$。接着，我们从所有英文单词中搜索与 $\hat{\boldsymbol{y}}$ 余弦相似度最高的几个。

为什么这么做呢？以一个斑马（zebra）为例，它是白色、哺乳动物并有条状花纹。再看一个小丑鱼（clownfish），它是橙色、有条状花纹但非哺乳动物。如果这 3 个特征存在于词嵌入中，CNN 可以学会从图片中识别这些特征。即使训练数据中没有标签**老虎**（tiger），但是包括有斑马和小丑鱼等其他物体，CNN 还是有很大机会学会**是否是哺乳动物**（mammalness）、**橙色度**（orangeness）、**是否有条状花纹**（stripeness）等概念作为预测的特征。当我们输入一张老虎的图片时，模型便会从图片中正确识别这些特征，而在我们的英文词表中，很可能与预测嵌入最接近的词嵌入就属于老虎。

① 在第 10 章中，我们会讲如何从数据中学习词嵌入。

第8章 进阶操作

本章介绍的方法可以帮助我们解决一些实践中将会遇到的问题。我们称其为“进阶操作”并不是因为这些方法本身更复杂，而是它们只适用于某些特定的场景。虽然在许多实际案例中可能用不到，但是当需要时它们会非常实用。

8.1 处理不平衡的数据集

我们在实践中常会遇到这种情况，训练样本中某些类别的数量远小于其他类别。例如，我们想要训练一个分类器，用于区分电子商务中的正常交易和虚假交易：正常交易的样本数占绝大多数。如果使用搭配软间隔（soft margin）的 SVM，我们可为错误分类的样本定义一个成本。训练数据中难免会有噪声，造成很多正常交易的样本可能出现在决策边界的错误一边，从而产生成本。

SVM 算法试图通过移动超平面，尽量避免错误分类样本。由于“虚假”的样本占少数，因此可能会因为模型重视多数类别而被错误分类。图 8.1（a）展示的正是这种情况。大多数学习算法在应用于不平衡数据时都会遇到这一问题。

如果我们将少数类别分类错误的成本调高，模型将会尽量避免分错这些样本。与此同时，也会“牺牲”部分多数类别的样本，如图 8.1 (b)所示。

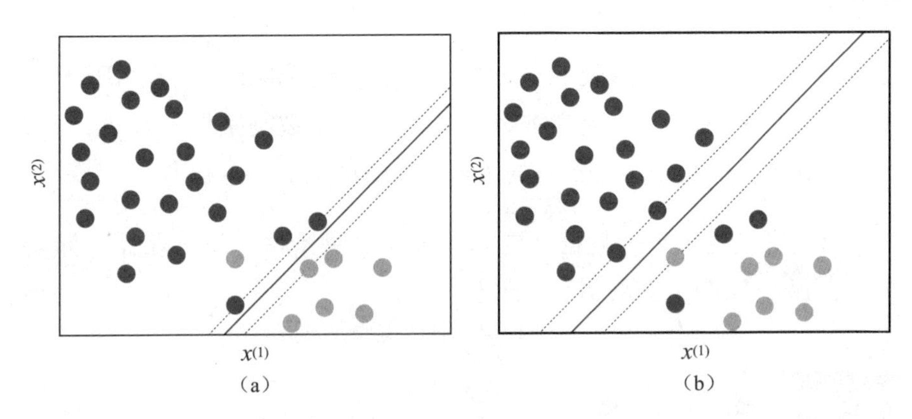

图 8.1 数据不平衡问题的案例
(a) 两个类别具有同样权重；(b) 少数类别的样本的权重较高

有些 SVM 版本允许我们为每个类别赋予一个权重。学习算法在选择最佳超平面时会考量这部分信息。

如果一个学习算法不允许类别权重，那么我们可以使用**过抽样法**(oversampling)。具体做法是，通过重复少数类别样本，增加样本的重要性。

与其相反的方法是**欠抽样法**（undersampling），做法是将训练集中多数类别的部分样本随机删除。

我们也可以尝试，通过对少数类别样本特征值随机抽样，人工合成样本，再作为新样本加入到训练集。通过合成样本进行过抽样的两种常用方法是**合成少数类别过抽样法**（synthetic minority oversampling technique，SMOTE）和**自适应合成抽样法**（adaptive synthetic sampling method，ADASYN）。

SMOTE 和 ADASYN 有许多相似之处。对一个少数类型的已知样本 $\boldsymbol{x}_i$，它们选择该样本的 k 个近邻（用 S_k表示），并以 $\boldsymbol{x}_i+\lambda(\boldsymbol{x}_{zi}-\boldsymbol{x}_i)$ 创建一个合成样本 $\boldsymbol{x}_{\text{new}}$。其中，$\boldsymbol{x}_{zi}$是从 S_k中随机选取的、少数类别中的一个样本。补充超参数 λ 是一个 0 到 1 之间的随机值。

SMOTE 和 ADASYN 随机抽取数据集中所有可能的 $\boldsymbol{x}_i$。在 ADASYN 中，为每个 $\boldsymbol{x}_i$ 生成的合成样本数与 S_k中的非少数类别样本数成正比。因此，在少数类别样本越稀缺的区域，生成的合成样本越多。

有的算法受不平衡数据问题影响较小。决策树、随机森林和梯度提升在存在不平衡数据的情况下仍表现较好。

8.2 组合模型

集成算法，如随机森林，在一般情况下只组合同一性质的模型。算法通过组合几百个弱模型来提高预测表现。在实践中，我们也可以通过组合由不同算法创建的强模型来获得额外的性能提升。这时，我们通常只需要两三个模型。

组合模型的常见方法有 3 种：平均法（averaging），多数投票（majority vote）及堆积（stacking）。

平均法适用于回归模型，以及返回评分的分类模型。我们直接用全部模型，可称它们为**基本模型**（base model），预测输入 $\boldsymbol{x}$，并取结果的平均值。接着，我们在验证集通过表现指标验证平均模型是否优于每个基本算法。

多数投票适用于分类模型。我们使用所有基本模型对输入 $\boldsymbol{x}$ 预测，并返回所有预测标签的多数类别。如果出现平局，我们可以随机选择一个类别，或者返回一个错误信息（如果分类错误会造成严重后果）。

堆积指构建一个以基本模型输出为输入的元模型。假设我们想要合并分类器 f_1 和 f_2，二者需预测同一类型集。我们令 $\hat{\boldsymbol{x}}_i = [f_1(\boldsymbol{x}), f_2(\boldsymbol{x})]$ 及 $\hat{y}_i = y_i$，为堆积模型创建一组新训练样本（$\hat{\boldsymbol{x}}_i$，y_i）。

如果有些基本模型不只返回类别，同时也返回一个评分，我们可以把评分值加入特征。

我们建议在训练一个堆积模型时使用训练集中的样本，再通过交叉验证调试超参数。

很明显，我们需要确保堆积模型在验证集的表现优于每个堆积前的基本模型。

之所以这样做可以提升模型表现，是基于以下观察：当若干个不相关的强模型做出同样的决定，它们的决定很可能是正确的。这里的关键词是“不相关”。最理想的情况是，基本模型由不同特征或由不同性质的模型得出，如 SVM 和随机森林。如果仅合并多个不同版本的决策树，或者多个使用不同超参数的 SVM，效果不会有明显提高。

8.3 训练神经网络

在神经网络训练中，我们面临的一大挑战是将数据转换成网络可用的输入形式。如果输入是图像，首先，我们需要将所有图像的尺寸统一；接着，像素需经过标准化（standardize），再归一化（normalize）到［0，1］之间。

文本数据需要先经过词条化（分成小份个体，比如单词、标点以及其他符号）。如果使用 CNN 和 RNN，每个词条可通过独热编码

(one-hot encoding) 转换为向量。一段文本转换成一列独热向量。通常，另一种效果更好的词条表示方法是使用**词嵌入**（word embedding）。对于多层感知机，使用词袋模型转化文本为向量的效果可能比较好，特别是长文本（比短信或微博长）。

选择使用哪个神经网络架构也是一个难题。对于同一个问题，如seq2seq学习，存在多种备选架构。同时，每年都有新的方案被提出。我们建议事先针对具体问题研究目前最新的技术方法。使用谷歌学术(Google Scholar) 或微软学术（Microsoft Academic）[①] 搜索引擎可以通过关键字和时间范围搜索文献。如果不介意使用非最新的架构，我们建议先在GitHub（代码托管平台）上找一个实现好的架构进行修改，再用于我们的数据。

在实践中，相比于预处理、清洗并归一化数据和增加训练数据量，使用最新架构的优势并不明显。现代神经网络架构是来自多个实验室和公司的科学家共同协作的结果；我们可能很难自己实现一些模型，而且通常它们需要超大计算能力进行训练。

花大量时间尝试重现近期学术论文中的结果，不一定是最明智的做法。更有效的利用时间的方法是，基于一个非最新的却较稳定的模型创建一个解决方案，同时获取更多训练数据。

在决定网络架构之后，我们需要决定网络有几层、它们的类型和大小。我们建议从一或两层开始，先训练一个模型，看它是否可以较好地拟合训练数据（低偏差）。如果不能，就逐步增加每层的大小和层数，直到模型完美地拟合训练数据。接下来，如果模型在验证集的表现不佳（高方差），那么我们需要在模型中加入正则化。如果加入正则化之后模型对训练数据不再拟合，我们再稍微增加网络大

① 译者注：国内类似的学术平台有中国知网等。

小。重复以上过程，直到模型在训练和验证集上的指标表现都令人满意为止。

8.4 进阶正则化

在神经网络中，除了 L1 和 L2 正则化，我们还可以使用神经网络专用的正则化工具：**丢弃法**（dropout）、**早停法**（early stopping）以及**批量归一化**（batch normalization）。最后一个并不算是真正意义上的正则化方法，但是往往可以达到对模型正则化的效果。

丢弃法的概念非常简单。每次将训练样本输入网络时，我们临时、随机地把部分单元排除在计算之外。排除单元占总单元数比率越高，正则化效果越强。神经网络库允许我们在两个相连的层之间加入一个丢弃层。或者，也可以单独为一层设定丢弃参数。丢弃参数取值于 0 到 1 之间，需通过在验证集实验调试得出。

早停法是一种训练神经网络的方法，是指在每个周期之后储存初步模型，并在验证集检验表现。正如我们在第 4 章关于梯度下降的部分讲到，随着周期增加，成本会随之降低。成本降低意味着模型可以较好地拟合训练数据。然而，在几个周期 e 后的某一时刻，模型开始出现过拟合：成本持续下降，但模型在验证集的表现也开始变差。如果在每个周期后储存不同版本的模型，我们可以在发现验证集表现开始下降时停止训练。或者，我们也可以在一个固定周期数内持续训练模型，并在训练结束之后选择最优模型。每个周期后储存的模型称为**关卡**（checkpoint）。一些机器学习从业者非常信赖这个方法；另一些则更倾向于使用典型的正则化方法。

批量标准化是将每一层的输出在输入下一层之前标准化的方法。在实践中，批量归一化可以使训练速度更快、更稳定，同时达到正则

化效果。因此，我们非常建议使用。在神经网络库中，我们可以在两层之间加入批量归一化层。

另一个正则化方法不只适用于神经网络，也可用于几乎所有学习算法，即**数据增强法**（data augmentation）。该方法常用于正则化图像模型。具体做法是，在原有标签训练样本基础上，通过用不同方法改变原样本，生成人工合成样本。具体方法有稍微放大、旋转、反转、调暗等。然后，我们保留原样本的标签为合成样本的标签。在实践中，该方法往往可以有效提高模型表现。

8.5 处理多输入

在实践中，我们常会遇到多模式（multimodal）数据。例如，输入可能是一个图像和一段文字，二元输出表示这些文字是否形容该图像。

浅层学习算法很难直接用于多模式数据。不过，也不是完全不可能。我们可以为图像训练一个浅层模型，再训练另一个文本模型。接着，便可以利用刚刚介绍过的模型合并方法。

如果无法将原问题分割成两个独立的子问题，我们可以尝试将每个输入向量化（使用相应的特征工程方法），再直接将两个特征向量连接成一个更宽的特征向量。举个例子，如果我们有图像特征 $[i^{(1)}, i^{(2)}, i^{(3)}]$ 以及文本特征 $[t^{(1)}, t^{(2)}, t^{(3)}, t^{(4)}]$，连接后的特征向量为 $[i^{(1)}, i^{(2)}, i^{(3)}, t^{(1)}, t^{(2)}, t^{(3)}, t^{(4)}]$。

神经网络模型处理多模式数据有更大的灵活性。我们可以构建两个子网络，每个对应一个输入类型。比如，一个 CNN 子网络用于读取图像，另一个 RNN 子网络可用于读取文本。两个子网络的最后一层各是一个嵌入；CNN 包含图像的嵌入，而 RNN 则包含文本的嵌入。接着，我们可以将两个嵌入连接起来，并在连接嵌入层之后加上一个分类层，如softmax或sigmoid。神经网络库提供简单易用的工具，用于实现多个子网络层的连接和平均运算。

8.6 处理多输出

有一类问题需要从1个输入预测多个输出。在前一章我们讨论了多标签分类。部分这类问题可以转换成多标签分类问题。特别是那些相同属性的标签（如标牌，tag），或者通过列举组合所有原标签获得的伪标签。

然而，有一些问题的输出是多模式的，且输出组合无法列举。考虑以下案例：我们想要构建一个模型，用于检测一个图片中的物体并返回其坐标。同时，模型需要返回一个形容物体的标牌，例如“人物”“猫”或者“仓鼠”。我们的训练样本是表示每个图像的特征向量，所对应的标签是物体的坐标向量以及标牌的独热编码向量。

当遇到这种情况时，我们可以创建一个子网络作为编码器，使用1个或多个卷积层读取输入图像。编码器的最后一层是图像的嵌入。接着，我们在嵌入层之后添加另外两个子网络。第一个子网络以嵌入向量为输入预测物体的坐标，最后一层选择ReLU，因为它适用于预测正实数值，正如坐标值。该子网络可以使用均方误差成本C_1。第二个子网络使用同样的嵌入向量为输入，预测每个标签的概率。第二个子网络可以在输出层使用softmax实现概率输出，同时使用平均负对数似然成本C_2（又称交叉熵成本）。

显然我们希望模型可以同时准确预测坐标和标签。然而，我们无法在同一时间优化两个成本函数。尝试优化其中之一可能会使另一个变差。这时候，我们可以通过添加另一个取值为（0，1）的超参数γ，定义一

个综合成本函数 $\gamma C_i + (1-\gamma) C_2$。和其他超参数一样，我们需要通过验证数据调试 γ 的值。

8.7 迁移学习

相对于浅层模型，神经网络模型在**迁移学习**（transfer learning）的任务上可以说具有独特优势。在迁移学习中，我们先选择一个从某些数据训练的现有模型，再将其改变用于预测其他样本。这些样本有别于模型训练时使用的数据，也与我们用于验证和测试的留出集不同。它可能表示其他现象，或者按照机器学习科学家的说法，它们可能取自另一个统计分布。

假设我们已经在一个大型有标注数据集训练了一个用于识别（和标注）野生动物的模型，过了一段时间，有一个新问题需要解决：我们需要一个可以识别家养动物的模型。如果使用浅层模型，我们并没有什么选择：我们需要另一个大型家养数据库。

如果使用神经网络，情况就有利得多。基于神经网络的迁移学习过程如下：

（1）我们在原有大型数据集（野生动物）训练一个深度模型。

（2）为第二个模型（家养动物）准备一个小很多的数据集。

（3）将第一个模型的最后一层或几层去掉。通常，分类或回归由这几层负责。它们常连接在嵌入层之后。

（4）为适应新的问题，我们使用新网络层取代去掉的层。

（5）将第一个模型的保留层中的参数“冻结”。

（6）使用梯度下降，在小型有标签数据集，只训练新网络层的参数。

通常，网络上可以找到很多图像处理的深度模型。我们可以找一个可能适用的模型，下载之后移除最后几层（具体移除层数是一个超参数），加入我们的预测层并预测模型。

有时我们会遇到一些问题，获取数据标签的成本非常高，不过另一个有标签的数据集较容易获得。这种情况下，即便没有现成的模型，迁移学习仍能派上用场。我们从甲方（或项目负责人）获取标签的分类系统，包括 1 000 个类别。这时候，我们需要付钱请人阅读、理解并记住类别之间的区别，接着阅览上百万份文件并对其标注。

与其标注大量样本，我们不如考虑使用维基百科页面作为训练集，训练初始模型。维基百科页面的标签可以通过该页面的所属类别自动获得。一旦初始模型学会预测维基百科类别，我们就可以对其进行“微调”并用于预测分类系统中的类别。这样一来，相较于我们从头开始标注再解决原问题，现在所需的标注数据量少了许多。

8.8 算法效率

并不是所有可以解决一个问题的算法都实用。有的算法可能运行太慢。有些问题可以用一个较快的算法解决，而另一些，甚至不存在较快的算法。

算法分析（analysis of algorithm）是计算机科学领域的一个分支，涉及判定和比较算法间的复杂性。**大 O 符号**（Big O notation）用于将算法归类。归类的依据是，随着输入大小的增加，算法运行时间或所需空间如何增加。

假设，我们需要在 1 个大小为 N 的一维样本集 S 中找到两个距离最远的样本。一个可以解决该问题的算法如以下代码所示（以 Python 语言为例，以下相同）：

```
1  def find_max_distance(S):
2      result = None
3      max_distance = 0
4      for x1 in S:
5          for x2 in S:
6              if abs(x1 - x2) >= max_distance:
7                  max_distance = abs(x1 - x2)
8                  result = (x1, x2)
9      return result
```

在以上算法中，我们通过一个循环访问 S 中的所有值，并在每个循环中再次循环访问所有 S 的成员。这样一来，算法需做出 N^2 次数值比较。如果我们将 comparison（比较）、abs（绝对值）和 assignment（赋值）运算所用时间视为单位时间，则该算法的时间复杂度（或简称为复杂度）最多为$5N^2$（每次迭代中有1个comparison、2个abs和2个assignment运算。当我们衡量一个算法在最坏情况下的复杂度时，需使用大O符号。以上算法的复杂度可写为 $O(N^2)$。常数，比如这里的5，可省略。

同样的问题，我们可以设计另外一个算法：

```
1  def find_max_distance(S):
2      result = None
3      min_x = float("inf")
4      max_x = float("-inf")
5      for x in S:
6          if x < min_x:
7              min_x = x
8            if x > max_x:
9              max_x = x
10     result = (max_x, min_x)
11     return result
```

在改进后的代码中，我们只需要循环访问 S 中所有值一次，因此算法的复杂度为 $O(N)$。这时，我们认为第二种算法比第一种**效率更高**（more efficient）。

当一个算法的复杂度是输入大小的多项式（polynomial）时，算法可称为高效。因此，$O(N^2)$ 和 $O(N)$ 同为高效算法，因为 N 和 N^2 分别是 N 的 1 次多项式和 2 次多项式。然而，当输入数量很大时，一个 $O(N^2)$ 算法可能会比较慢。在大数据时代，科学家们常尽量寻找 $O(\log N)$ 的算法。

从实用角度出发，在实现算法时，我们应该**尽量避免使用循环**（avoid using loops whenever possible），而考虑使用矩阵和向量运算取代循环。在 Python 语言中，要计算 wx，应使用：

```
import numpy
wx = numpy.dot(w,x)
```

而不是：

```
wx = 0
for i in range(N):
    wx += w[i]*x[i]
```

与此同时，我们应选择合适的数据结构。如果一个集合中元素的顺序不重要，我们可使用集合（set）而不是列表（list）数据类型。在 Python 中，如果需要检查特定样本 x 是否是 S 的元素，那么将 S 定义为集合效率较高，而将 S 定义为列表效率较低。

另一个可以使 Python 代码更高效的数据结构是字典（dict）。在其他语言中也称字典或哈希表（hashmap）。它允许我们定义一个键值对（key-value pair）的集合，并可以快速对键进行查找。

除非需求很特殊，否则我们应尽量使用较流行的库来编写自己的科学代码。针对科学运算的 Python 库有 numpy、scipy 以及 scikit-learn，它们由经验丰富的科学家和工程师编写，相当高效地实现多种算法。为将效率最大化，其中很多方法（method）由 C 语言编写。

如果我们需要访问一个超大集合中的每个元素，使用**生成器**

（generator）创建一个每次只返回单个元素的函数，效率优于直接返回所有元素。

我们也可以使用 Python 中的 cProfile 库找出代码中效率较低的部分。

最后，当无法从算法角度提高代码效率时，我们还可以通过以下方法提高代码运行速度：

- 使用 multiprocessing 库将运算平行化。
- 使用 PyPy、Numba 或类似工具将 Python 代码编译成更快、更优化的机器代码。

第 9 章 非监督学习

非监督学习问题需要处理的数据完全没有标签。标签的缺失使很多应用变得非常困难。缺少代表希望学习行为的标签，意味着我们缺少判断模型质量的参照物。在本书中，我们只介绍部分允许基于数据本身评估，而不需要人工判断的非监督学习算法。

9.1 密度预估

密度估计（density estimation）是这样一类问题：当数据集来自一个未知概率分布时，我们需要对该分布的概率密度函数（probability density function，pdf）进行建模。该问题有许多实际应用，尤其是创新或入侵检测。在第 7 章中，我们已经通过估计 pdf 解决了单类别分类问题。那时，我们使用一个**有参数**（parametric）模型，更具体来说是一个多元正态分布（multivariate normal distribution，MVN）。这个决定其实很随意。因为如果数据集所来自的实际分布与 MVN 不同，我们的模型很可能表现难如人意。另外，我们也了解到，在核回归中，模型可以是**非参数**（nonparametric）。实际上，同样的方法也可以用于密度估计。

令 $\{x_i\}_{i=1}^N$ 为一个一维数据集（多维数据也类似），来自一个未知的 pdf 分布 f，且所有 $i=1, \cdots, N$ 都满足 $x_i \in \mathbb{R}$。现在，我们想要对 f 的

形态建模。f 的核模型 $\hat{f}_b$ 可表示为：

$$\hat{f}_b(x) = \frac{1}{Nb}\sum_{i=1}^{N} k\left(\frac{x - x_i}{b}\right) \tag{9.1}$$

其中，b 是控制模型偏差与误差折中的超参数，k 为一个核。同第7章一样，我们使用一个高斯核：

$$k(z) = \frac{1}{\sqrt{2\pi}}\exp\left(\frac{-z^2}{2}\right)$$

我们要找一个 b 值，可以将 f 的实际形态与模型 $\hat{f}_b$ 之间的差异最小化。该差异由**积分均方误差**（mean integrated squared error，MISE）衡量：

$$\text{MISE}(b) = \mathbb{E}\left[\int_{\mathbb{R}} (\hat{f}_b(x) - f(x))^2 \mathrm{d}x\right] \tag{9.2}$$

在式9.2中，我们将实际 pdf f 与模型 $\hat{f}_b$ 之间的差异平方。积分 $\int_{\mathbb{R}}$ 取代了均方误差中的求和运算 $\sum\limits_{i=1}^{N}$。同时，期望值运算符 $\mathbb{E}$ 取代了平均运算 $\frac{1}{N}$。

当损失函数为连续性时，如 $(\hat{f}_b(x) - f(x))^2$，我们需要将求和运算替换为积分。期望值运算 $\mathbb{E}$ 表示我们想要 b 对于整个训练集 $\{x_i\}_{i=1}^{N}$ 都是最优的。这一点很重要，因为 $\hat{f}_b$ 是由某个概率分布的有限样本定义的，而实际的 pdf f 是由无限个样本（$\mathbb{R}$ 集合）定义的。

现在可将式9.2的右边项改写为：

$$\mathbb{E}\left[\int_{\mathbb{R}} \hat{f}_b^2(x)\mathrm{d}x\right] - 2\mathbb{E}\left[\int_{\mathbb{R}} \hat{f}_b(x)f(x)\mathrm{d}x\right] + \mathbb{E}\left[\int_{\mathbb{R}} f(x)^2\mathrm{d}x\right]$$

由于以上算式中第三项独立于 b，可以忽略不计。第一项的无偏估

计为 $\int_{\mathbb{R}} \hat{f}_b^2(x)\,\mathrm{d}x$；第二项的无偏估计可由**交叉验证**（cross-validation）估算 $-\frac{2}{N}\sum_{i=1}^{N}\hat{f}_b^{(1)}(x_i)$，其中$\hat{f}_b^{(1)}$为$f$的核模型，从不包含 x_i 的训练集计算得出。

$\sum_{i=1}^{N}\hat{f}_b^{(1)}(x_i)$ 在统计学中称为**留一法预估**（leave one out estimate）。它属于交叉验证的一种，每个折叠（fold）中包含一个样本。有读者可能观察到，$\int_{\mathbb{R}}\hat{f}_b(x)f(x)\,\mathrm{d}x$ 项（我们称其为 a）是函数$\hat{f}_b$ 的期望值，因为f是一个 pdf。我们可以证明留一法预估是 $\mathbb{E}[a]$ 的无偏估计。

接下来，求 b 的最优值 b^*需要最小化以下成本函数：

$$\int_{\mathbb{R}} \hat{f}_b^2(x)\,\mathrm{d}x - \frac{2}{N}\sum_{i=1}^{N}\hat{f}_b^{(1)}(x_i)$$

这时，我们可以使用网格搜索。对于一个 D 维特征向量 $\boldsymbol{x}$，式 9.1 中的误差项 $x - x_i$ 可替换为欧氏距离$\|\boldsymbol{x}-\boldsymbol{x}_i\|$。在图 9.1 中，我们使用 100 个样本和 3 个不同的 b 值对同一个 pdf 进行估计。图中也同时展示了网格搜索曲线，我们选择该曲线的最低点为 b^*。

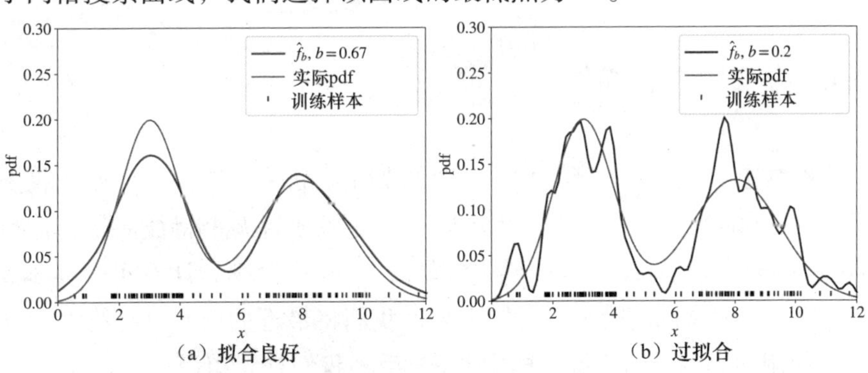

（a）拟合良好　（b）过拟合

图9.1　核密度估计

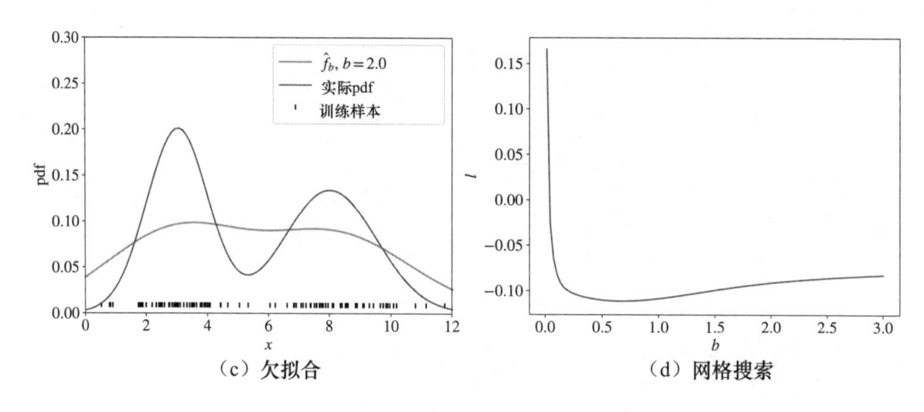

（c）欠拟合

（d）网格搜索

图9.1 核密度估计（续）

9.2 聚类

聚类（clustering）是指从无标签数据集中学习如何对样本进行标注的问题。由于数据集完全没有标签，因此要判断学得的模型是否最优，相比在监督学习中复杂许多。

聚类算法有多种。然而，哪一种更适合我们的数据却不得而知。一般来说，每个算法的表现取决于数据集所来自的概率分布的未知特性。在本章，我们列举常用的几种聚类算法。

9.2.1 k均值

k均值（k-mean）聚类算法的过程如下。首先，选择一个 k 值代表类簇（cluster）个数。然后，在特征空间随机放置 k 个特征向量，称为**质心**（centroid）。接着，使用某个指标，如欧氏距离，计算每个样本 $\boldsymbol{x}$ 与每个质心 c 之间的距离。再接下来，我们将最近的质心分配给每个样本（使用质心编号标注每个样本）。最后，我们计算以每个质心标注的全部样本特征向量的均值。这些均值特征向量就是质心的新位置。

我们重新计算每个样本与每个质心的距离，更新分配方法，并重复该过程。算法运行至分配不再随质心的位置变化而变化为止。最终的模型是一列对应样本的质心编号。

质心的初始位置会影响最终位置。因此，运行两次 k 均值可能得到不同的模型。有些 k 均值的改进版本，可通过数据集的某些特性计算行心的初始位置。

运行一次 k 均值的过程如图 9.2 所示。在图 9.2 中，圆圈代表二维特征向量；方块是移动的质心。不同区域的背景颜色表示该区域内所有样本属于同一类簇。

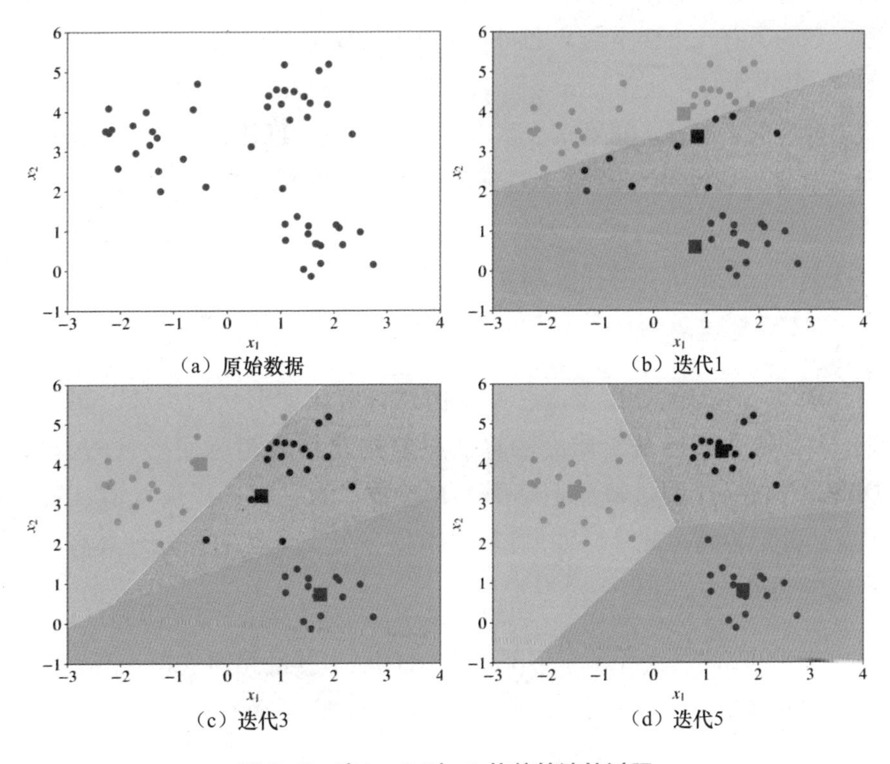

图 9.2　当 k =3 时，k 均值算法的过程

超参数 k 的值即类簇的个数，需要由数据科学家调试。有些选择 k 方法，不过并没有哪一种是经过证实的最佳方法。其中大多数通过观察一些指标做出“有根据的猜测”，或人工检视类簇分配结果。在本章中，我们会介绍一种选择 k 值的合理方法。该方法不需要先观察数据再做猜测。

9.2.2 DBSCAN和HDBSCAN

DBSCAN是基于密度的聚类算法，不同于k均值及类似的基于质心的算法。与其猜测需要几个类簇，我们只需要定义两个超参数：ϵ 和 n。在开始时，我们从数据集中随机选取一个样本 $\mathbf{x}$，将它分配给类簇1。接着，数一下有几个样本与 $\mathbf{x}$ 之间的距离小于或等于 ϵ。如果数量大于或等于 n，就将所有 ϵ 近邻归入类簇1。我们继续检查类簇1中的所有成员，找出对应的 ϵ 近邻。如果某成员有 n 个或更多 ϵ 近邻，这些 ϵ 近邻都被归入类簇1。持续扩充类簇1直到没有样本可以归入其中为止。停止后，我们从数据集中选择另一个未归入任何类簇的样本，将其归入类簇2。以此类推，直到所有的样本都被归入某个类簇，或被标记为异常值。如果一个样本的 ϵ 近邻包含少于 n 个其他样本，我们则认为它是异常值。

DBSCAN的优势在于，它可以构建具有任意形状的类簇。相比之下，k均值及其他基于质心的算法只能构建具有超球面形状的类簇。DBSCAN的一个明显缺点是有两个超参数，为它们选择最优值（特别是 ϵ）并不容易。此外，如果将 ϵ 固定，算法则无法有效处理具有不同密度的类簇。

HDBSCAN算法保留了DBSCAN的优点，并且无须选择 ϵ 值。算法可以构建具有不同密度的类簇。它巧妙地结合了多种理念，具体细节我们不在本书讨论。

HDBSCAN只有一个重要的超参数 n，即放入一个簇类的最少样本数，可以通过直觉较容易地选择。HDBSCAN 有非常快的实现方法：可以高效地处理上百万个数据样本。即便如此，最新的 k 均值实现仍比 HDBSCAN 快很多，但是在很多实际任务中后者的聚类效果更好。我们非常建议读者在自己的数据集上先尝试使用 HDBSCAN。

9.2.3 决定聚类簇个数

关于数据集，一个最重要的问题是它可以分成几个类簇。当特征向量小于或等于三维时，我们可以直接观察特征空间中的密集区域。每个这样的区域都是一个潜在的类簇。然而，当数据维度更高时，我们无法通过直接观察①了解合适的类簇数。

一种基于**预测能力**（prediction strength）的方法可用于确定类簇的合理数量。具体做法是，先将数据分为训练集和测试集，与监督学习相似。这样一来，我们有大小为 N_{tr} 的训练集 S_{tr} 和大小为 N_{te} 的测试集 S_{te}。现将 k 固定，在 S_{tr} 和 S_{te} 运行一个聚类算法 C 并得到两个方案 $C(S_{tr}, k)$ 和 $C(S_{te}, k)$。

令 A 为使用训练集的聚类方案 $C(S_{tr}, k)$。A 的类簇可以看作区域，如果一个样本处于某区域内，则属于对应的类簇。以 k 均值算法为例，如果我们在某数据集运行聚类，结果是特征空间被划分成 k 个多边形区域，如图 9.2 所示。

接着，按以下规则定义 $N_{te} \times N_{te}$ 的**协同会员矩阵**（co-membership matrix）$\boldsymbol{D}[A, S_{te}]$：当且仅当同为测试集中的样本 $\boldsymbol{x}_i$ 和 $\boldsymbol{x}_{i'}$ 在 A 聚类中属于同一类簇时，$\boldsymbol{D}[A, S_{te}]^{(i,i')} = 1$；否则 $\boldsymbol{D}[A, S_{te}]^{(i,i')} = 0$。

---

① 有些数据科学家喜欢做多个二维图，每个图表示一对同时出现的特征。这样可以得到一些簇类数的线索。不过，这种方法较主观，容易出现误差。因此，仅属于有根据的猜测，而不是一种科学方法。

现在，让我们总结一下。我们使用**训练集中**的样本构建了一个含有 k 个类簇的聚类方案 A。接着，我们构建了协同会员矩阵，表示**测试集**中的两个样本是否属于同一类簇 A。

到这一步就不难理解了，如果 k 值是一个合理的类簇个数，在聚类方案 $C(S_{te}, k)$ 中属于同一类簇的两个样本，在方案 $C(S_{tr}, k)$ 中很可能也属于同一类簇。另一方面，如果 k 的取值不合理（太高或太低），基于训练数据和测试数据的聚类则可能不一致。

图9.3和图9.4分别展示所用数据和聚类方案。图9.4（a）和图9.4（b）分别展示方案 $C(S_{tr}, k)$ 和方案 $C(S_{te}, k)$ 的聚类区域。图9.4（c）中，测试样本与训练数据方案重叠展示。可以看出，根据

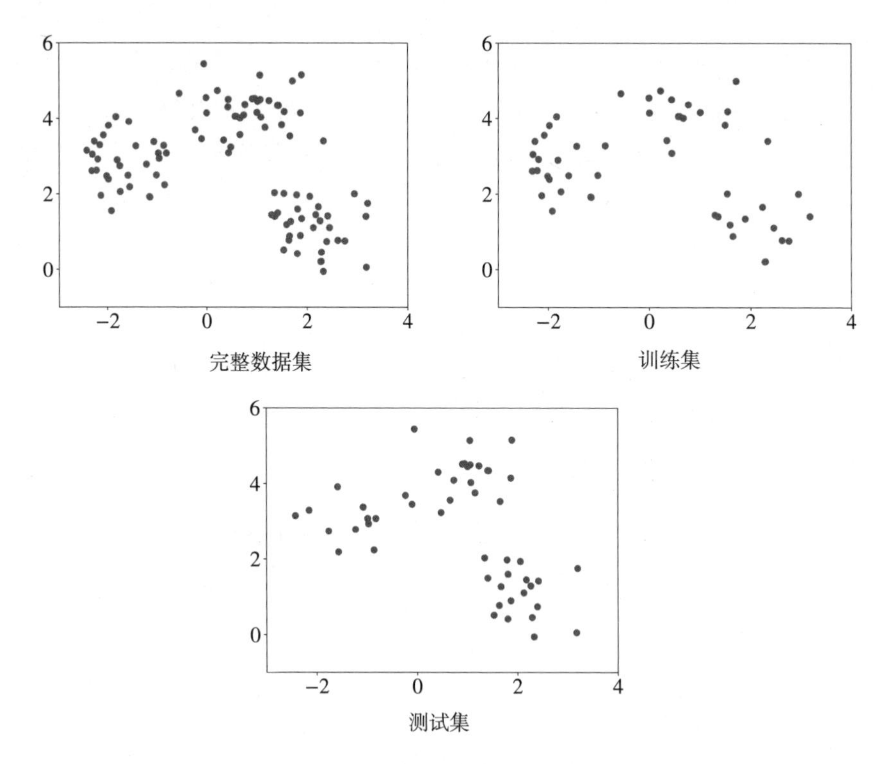

图9.3　图9.4中聚类案例所用的数据

训练数据的聚类区域，橙色测试样本不再属于同一类簇。这导致 $\boldsymbol{D}[A, S_{te}]$ 中出现很多0值，说明 $k=4$ 不是最佳选择。

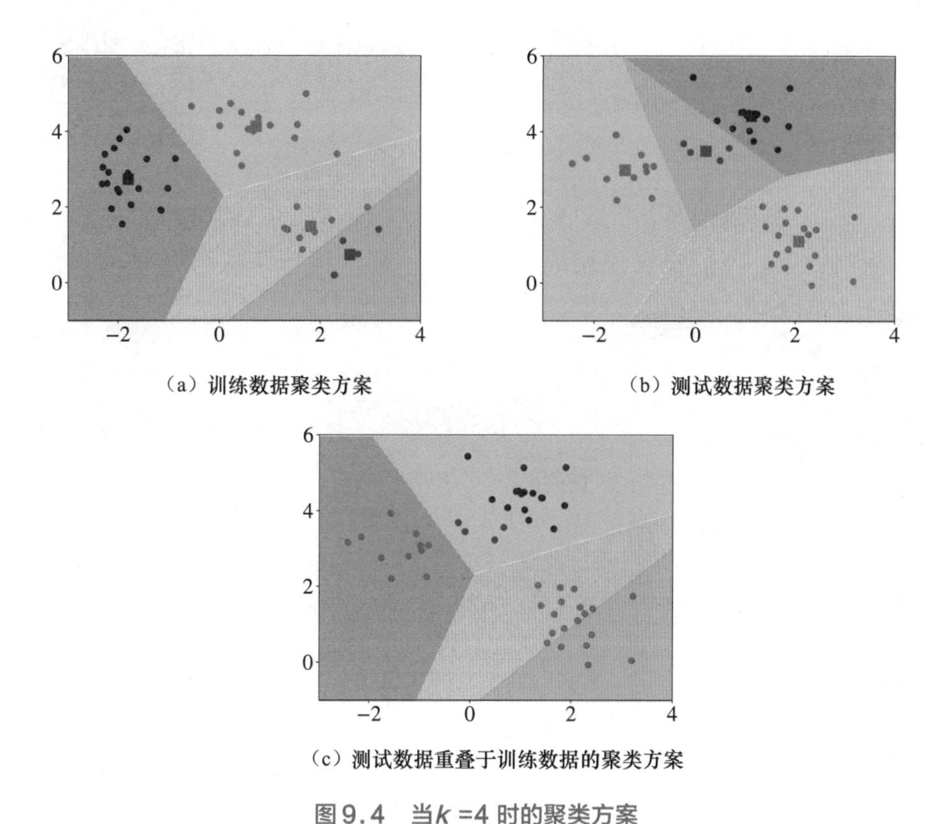

（a）训练数据聚类方案

（b）测试数据聚类方案

（c）测试数据重叠于训练数据的聚类方案

图9.4 当 $k=4$ 时的聚类方案

更正式的，k 个簇类的预测能力可定义为：

$$\mathrm{ps}(k) \stackrel{\mathrm{def}}{=} \min_{j=1,\cdots,k} \frac{1}{|A_j|(|A_j|-1)} \sum_{i,i' \in A_j} \boldsymbol{D}[A, S_{te}]^{(i,i')}$$

其中，$A \stackrel{\mathrm{def}}{=} C(S_{tr}, k)$，$A_j$ 是聚类方案 $C(S_{tr}, k)$ 的第 j 个类簇，$|A_j|$ 是类簇 A_j 中的样本数。

已知一个聚类方案 $C(S_{tr}, k)$，对每个测试类簇，我们计算其中观察到的样本对中根据训练样本质心同属一个类簇的比例。预测能力是 k 个测试簇类中的最小比例。

通过实验得出，一个合理的簇类个数是满足 ps(k) 大于0.8 的最大 k。不同 k 值对于2 个、3 个、4 个类簇数据的预测能力如图9.5 所示。

非确定性聚类算法，如k 均值，可以根据质心的初始位置生成不同聚类方案。我们建议使用同样的 k 值，多次运行算法再计算平均预测能力 $\overline{\text{ps}}(k)$。

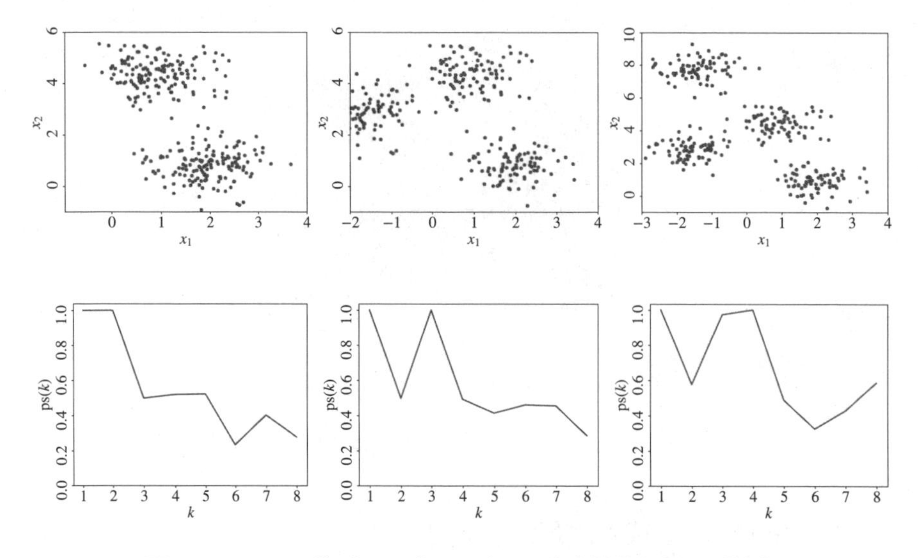

图9.5 不同 k 值对于2 个、3 个、4 个类簇数据的预测能力

另一个估计类簇个数的有效方法是**间隔统计量**（gap statistic）。其他非自动的方法如**肘部法**（elbow method）和**平均轮廓法**（average silhouette method）也被一些数据科学家使用。

9.2.4 其他聚类算法

DBSCAN 和 k 均值都属于**硬聚类**（hard clustering），即每个样本只属于一个类簇。**高斯混合模型**（Gaussian mixture model，GMM）允许一个样本同属于多个类簇，每个对应一个**资格评分**（membership score）（HDBSCAN 也允许）。计算 GMM 的方法与基于模型的密度估计非常相似。在 GMM 中，与其用一个多元正态分布（MND），我们不如用多个 MND 的加权平均：

$$f_X = \sum_{j=1}^{k} \phi_j f_{\boldsymbol{\mu}_j,\boldsymbol{\Sigma}_j}$$

其中，$f_{\boldsymbol{\mu}_j,\boldsymbol{\Sigma}_j}$是一个 MND j，而 ϕ_j 是 j 在总模型中所占权重。对所有 $j=1, \cdots, k$，参数 $\boldsymbol{\mu}_j$，$\boldsymbol{\Sigma}_j$ 和 ϕ_j 可通过使用**期望最大算法**（expectation maximization algorithm，EM）优化**极大似然值**（maximum likelihood）标准。

为了简单起见，我们以一维数据为例。假设有两个类簇：$k=2$。这时，我们有两个高斯分布：

$$f(x\mid\mu_1,\sigma_1^2) = \frac{1}{\sqrt{2\pi\sigma_1^2}}\exp - \frac{(x-\mu_1)^2}{2\sigma_1^2},$$

$$f(x\mid\mu_2,\sigma_2^2) = \frac{1}{\sqrt{2\pi\sigma_2^2}}\exp - \frac{(x-\mu_2)^2}{2\sigma_2^2} \tag{9.3}$$

其中，$f(x\mid\mu_1, \sigma_1^2)$ 和 $f(x\mid\mu_2, \sigma_2^2)$ 是两个 pdf，定义 $X=x$ 的似然值。

我们使用 EM 算法估计 μ_1，σ_1^2，μ_2，σ_2^2，$\phi_1\phi_2$ 的值。参数 ϕ_1 和 ϕ_2 在聚类问题中的作用不如在密度估计中大，下面我们会看到。

EM 算法的原理如下。刚开始，我们猜测 μ_1、σ_1^2、μ_2 和 σ_2^2 的初始值，并设 $\phi_1=\phi_2=\frac{1}{2}$ [一般情况下，我们将每个 ϕ_j（$j=1$，…，k）设为$\frac{1}{k}$]。

在 EM 的每次迭代中，运行以下 4 个步骤：

（1）对所有 $i=1$，…，N，使用式 9.3 计算每个 x_i 的似然值

$$f(x_i \mid \mu_1,\sigma_1^2) \leftarrow \frac{1}{\sqrt{2\pi\sigma_1^2}}\exp - \frac{(x_i-\mu_1)^2}{2\sigma_1^2},$$

$$f(x_i \mid \mu_2,\sigma_2^2) \leftarrow \frac{1}{\sqrt{2\pi\sigma_2^2}}\exp - \frac{(x_i-\mu_2)^2}{2\sigma_2^2}$$

（2）使用**贝叶斯准则**（Bayes' Rule），对每个样本 x_i，计算样本属于类簇 $j\in\{1, 2\}$ 的似然值 $b_i^{(j)}$（换句话说，该样本取自高斯分布 j 的可能性）：

$$b_i^{(j)} \leftarrow \frac{f(x_i \mid \mu_j,\sigma_j^2)\phi_j}{f(x_i \mid \mu_1,\sigma_1^2)\phi_1 + f(x_i \mid \mu_2,\sigma_2^2)\phi_2}$$

参数 ϕ_j 的意义是，一个含有参数 μ_j 和 σ_j^2 的高斯分布 j 有多大可能性生成我们的数据集。这正是我们一开始设 $\phi_1=\phi_2=\frac{1}{2}$的原因：我们不知道哪个可能性更高，所以将两个似然值同设为一半。

（3）计算新的 μ_j，σ_j^2，$j\in$ {1，2}：

$$\mu_j \leftarrow \frac{\sum_{i=1}^{N} b_i^{(j)} x_i}{\sum_{i=1}^{N} b_i^{(j)}} \text{ 且 } \quad \sigma_j^2 \leftarrow \frac{\sum_{i=1}^{N} b_i^{(j)} (x_i-\mu_j)^2}{\sum_{i=1}^{N} b_i^{(j)}} \tag{9.4}$$

（4）更新 ϕ_j，$j \in \{1, 2\}$

$$\phi_j \leftarrow \frac{1}{N}\sum_{i=1}^{N} b_i^{(j)}$$

迭代地重复步骤（1）至（4），直到 μ_j 和 σ_j^2 的值不再明显变化：比如变化小于某个阈值 ϵ。整个过程如图 9.6 所示。

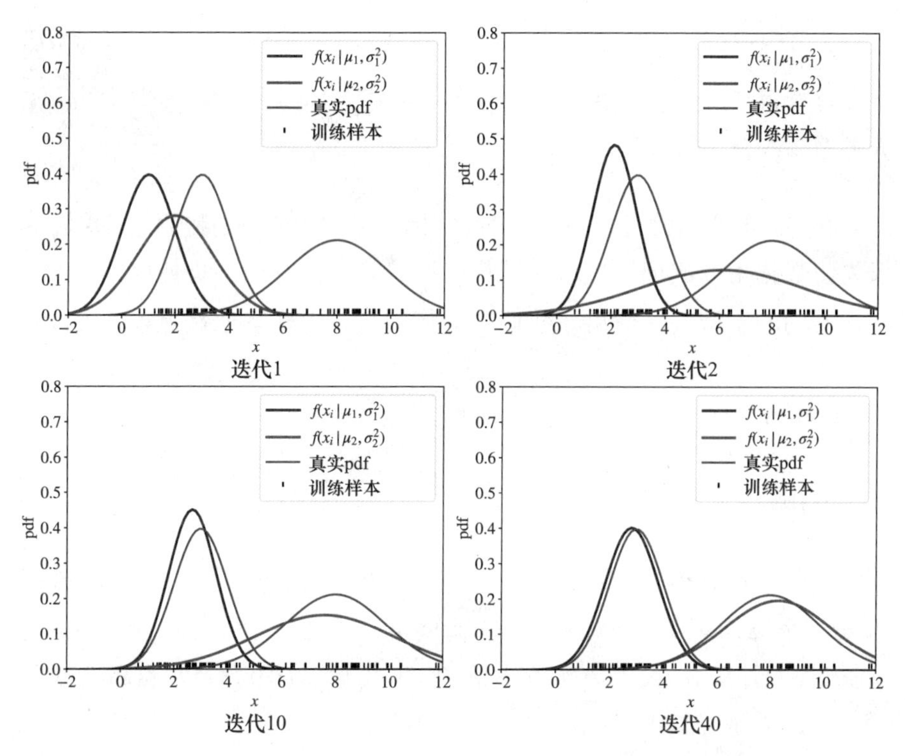

图 9.6　使用 EM 算法对两个类簇（k =2）高斯混合模型估计的过程

有读者可能发现 EM 算法和 k 均值算法非常相似：从随机簇类开始，通过迭代以成员数据均值更新每个类簇的参数。区别仅在于，使用 GMM 分配一个样本 x_i 到类簇 j 是**软聚类**（soft clustering）：x_i 有 $b_i^{(j)}$ 的概率属于类簇 j。正因为这样，我们在使用式 9.4 计算 μ_j 和 σ_j^2

的新值时没有使用均值（如 k 均值），而使用权重为 $b_i^{(j)}$ 的**加权平均**。

学得每个类簇 j 的参数 μ_j 和 σ_j^2 之后，样本 x 在类簇 j 的资格评分可通过 $f(x_i \mid \mu_j, \sigma_j^2)$ 计算得出。

以上过程可直接扩展到 D 维数据（$D>1$）。只需要将方差 σ^2 换成协方差矩阵 Σ 即可。目的是用参数表示化多元正态分布（MND）。

k 均值所得出的类簇只能是圆形，而 GMM 得到的类簇具有可任意延伸和旋转的椭圆形态。这些特质由协方差矩阵控制。

在 GMM 中，没有一种公认的、用于选择 k 值的最佳方法。我们建议先将数据集分成训练集和测试集。接着，我们在训练集使用不同的 k 构建不同的模型 f_{tr}^k。最后，我们选择将测试集中样本似然最大化的 k：

$$\arg\max_k \prod_{i=1}^{|N_{te}|} f_{tr}^k(\boldsymbol{x}_i)$$

其中，$|N_{te}|$ 是测试集的大小。

文献中还有很多种聚类算法。值得一提的是**谱聚类**（spectral clustering）和**层次聚类**（hierarchical clustering）。这些方法可能适用于某些数据集。不过，在大多数实践案例中，k 均值、HDBSCAN 和高斯混合模型足以满足聚类需求。

9.3 维度降低

现代机器学习算法，比如集成算法和神经网络，可以较好地处理具有上百万个特征的高维度样本。使用现代计算机和图形处理器（GPU），维度降低方法不如以前使用广泛。维度降低最常用的场景是数据可视化：因为人最多只可以理解三维图表。

另一种适用维度降低的情况是需要构建一个可解释模型，同时我们可选择的学习算法有限。比如，我们只可以使用决策树学习或线性回归。通过降维并判断降维后的特征对应原样本的哪些特质，我们可以使用更简单的算法。维度降低去除冗余或高度相关的特征，同时减少数据中的杂音——这些全部有助于解释模型。

广泛使用的维度降低方法有 3 种，即**主要成分分析**（Principle Component Analysis，PCA）、**均匀流形近似和投影**（Uniform Manifold Approximation and Projection，UMAP）以及**自编码器**（autoencoder）。

我们在第 7 章解释过自编码器。我们使用网络瓶颈层的低维度输出作为降维后的向量，用于表示高维度输入特征向量。这个低维度向量可代表输入向量中的主要信息，因为自编码器能够仅根据瓶颈层的输出重建输入特征向量。

9.3.1 主要成分分析

主要成分分析（PCA）是最古老的维度降低方法。它背后所涉及的数学包括在第 2 章中我们没有具体解释的向量运算。因此，我们同样建议读者通过附加阅读材料了解这部分内容。在此，我们仅用具体例子来做，以提供直觉解释。

假设一个二维数据如图 9.7（a）所示。主要成分其实是定义一个新的坐标系统的向量。新坐标的第 1 个轴指向数据中方差最高的方向。第 2 个轴与第 1 个轴相互垂直，指向方差第 2 高的方向。如果我们的数据是三维数据，第 3 个轴则与前两个轴相互垂直，并指向方差第 3 高的方向，以此类推。在图 9.7（b）中，两个箭头分别表示两个主要成分，箭头的长度代表该距离的方差。

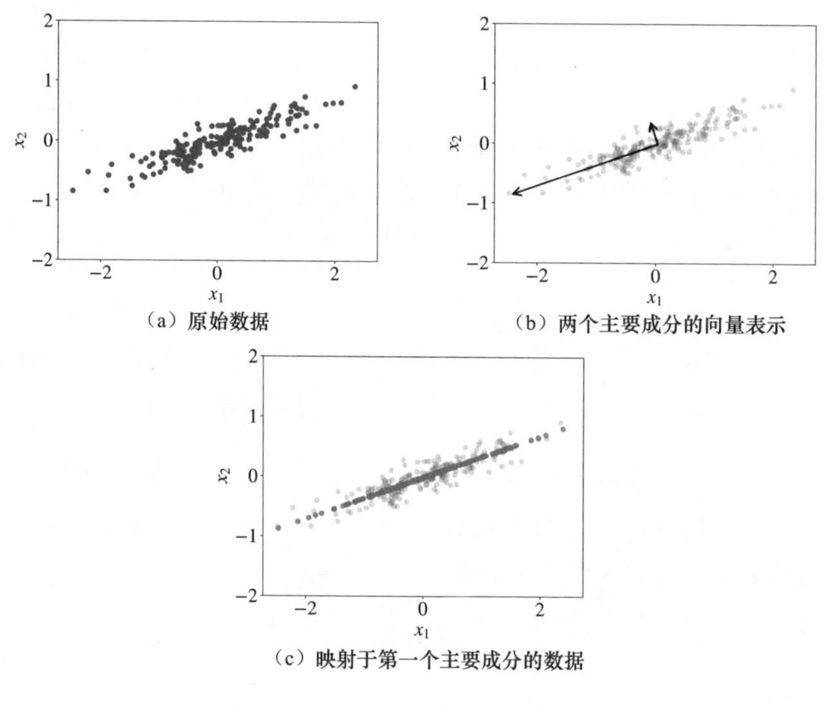

(a) 原始数据　　(b) 两个主要成分的向量表示

(c) 映射于第一个主要成分的数据

图9.7 PCA

现在，如果我们想要降低数据的维度到 $D_{\text{new}} < D$，我们选择 D_{new} 个最大的主要成分，再将我们的数据点投射到这些方向。以我们的二维数据为例，我们可以设 $D_{\text{new}} = 1$，将数据样本投射到第一个主要成分后得到图9.7（c）中的橙色点。

为了解释每个橙色点，我们只需要一个坐标，而不需要两个：关于第一个主要成分的坐标。在实践中我们经常会遇到，当数据维度非常高时，最大的2个或3个主要特征占据了数据中的主要变化。因此，通过2D或3D图表，我们仍然可以观察非常高维度的数据。

9.3.2 UMAP

许多现代的维度降低算法，特别是那些专门设计用来数据可视化的算法，如 t-SNE 和 UMAP，背后的思路都是一样的。我们先设计一个样本间相似性指标。针对可视化，除了样本间的欧氏距离，该相似性指标需要反映两个样本的一些局部特征，比如它们周围其他样本的密度。

在 UMAP 中，该相似性指标 w 定义为：

$$w(\boldsymbol{x}_i,\boldsymbol{x}_j) \stackrel{\text{def}}{=} w_i(\boldsymbol{x}_i,\boldsymbol{x}_j) + w_j(\boldsymbol{x}_j,\boldsymbol{x}_i) - w_i(\boldsymbol{x}_i,\boldsymbol{x}_j)w_j(\boldsymbol{x}_j,\boldsymbol{x}_i) \quad (9.5)$$

函数 $w_i(\boldsymbol{x}_i, \boldsymbol{x}_j)$ 定义为：

$$w_i(\boldsymbol{x}_i,\boldsymbol{x}_j) \stackrel{\text{def}}{=} \exp\left(-\frac{d(\boldsymbol{x}_i,\boldsymbol{x}_j)-\rho_i}{\sigma_i}\right)$$

其中，$d(\boldsymbol{x}_i, \boldsymbol{x}_j)$ 表示两个样本间的欧氏距离，ρ_i 是 $\boldsymbol{x}_i$ 到它最近邻居的距离，而 σ_i 是 $\boldsymbol{x}_i$ 到它第 k 近邻居的距离（k 是一个超参数）。

在式 9.5 中我们可以看出，该指标的范围是从 0 到 1，而且对称。也就是说，$w(\boldsymbol{x}_i, \boldsymbol{x}_j)=w(\boldsymbol{x}_j, \boldsymbol{x}_i)$。

令 w 表示两个样本在原高维度空间的相似度；令 w' 为同样两个样本在新的低维度空间的相似度，由式 9.5 得出。

在继续讨论之前，我们需要介绍一下**模糊集**（fuzzy set）的概念。模糊集是集合的泛化。一个模糊集 S 中的每个元素 x 对应一个资格函数 $\mu_S(x) \in [0, 1]$，定义 x 属于 S 的**资格力度**（membership strength）。如果 $\mu_S(x)$ 接近 0，我们认为 x 较弱地属于模糊集 S。另外，如果 $\mu_S(x)$ 接近 1，则 x 具有较强资格属于 S。如果所有 $x \in S$ 都满足 $\mu(x)=1$，模糊集 S 则实际上等同于一个普通的、非模糊的集合。

现在让我们看一下模糊集概念在这里的作用。

因为 w 和 w' 的值域在 0 和 1 之间，所以我们可以把 w（$\boldsymbol{x}_i$，$\boldsymbol{x}_j$）看成一对样本（$\boldsymbol{x}_i$，$\boldsymbol{x}_j$）在一个模糊集中的成员资格。w' 也是同样的。我们称两个模糊集的相似度为**模糊集交叉熵**（fuzzy set cross-entropy），定义为：

$$C_{w,w'} = \sum_{i=1}^{N}\sum_{j=1}^{N}\left[w(\boldsymbol{x}_i,\boldsymbol{x}_j)\ln\left(\frac{w(\boldsymbol{x}_i,\boldsymbol{x}_j)}{w'(\boldsymbol{x}'_i,\boldsymbol{x}'_j)}\right) + (1 - w(\boldsymbol{x}_i,\boldsymbol{x}_j))\ln\left(\frac{1 - w(\boldsymbol{x}_i,\boldsymbol{x}_j)}{1 - w'(\boldsymbol{x}'_i,\boldsymbol{x}'_j)}\right)\right] \tag{9.6}$$

其中，$\boldsymbol{x}'$ 是原高维度样本 $\boldsymbol{x}$ 的低维度“版本”。

在式 9.6 中，未知参数是 $\boldsymbol{x}'_i$（对所有 $i=1$，…，N），即我们要求的低维度样本。我们可以通过梯度下降最小化 $C_{w,w'}$ 求得。

在图 9.8 中，我们可以看到 MNIST 手写数字数据集经过维度降低后的结果。MNIST 通常被用于评估多种图像处理系统：它包括 70 000 个有标签样本。图 9.8 中的 10 种不同颜色对应 10 个类别，每个点对应一个数据集中的一个样本。很明显，UMAP 将样本更好地区分开（在不使用标签的情况下）。在实践中，UMAP 会比 PCA 略慢，但仍快于自编码器。

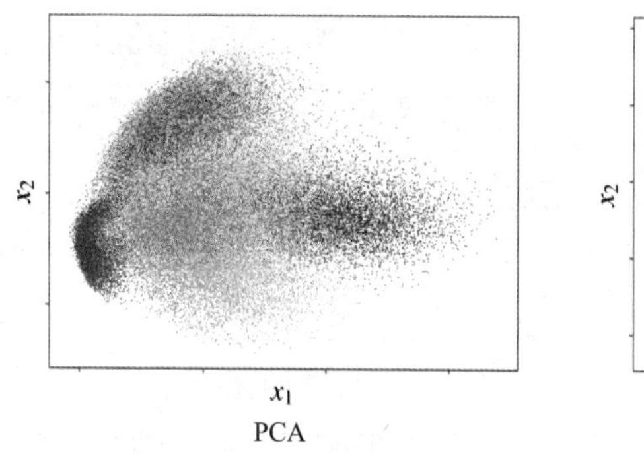

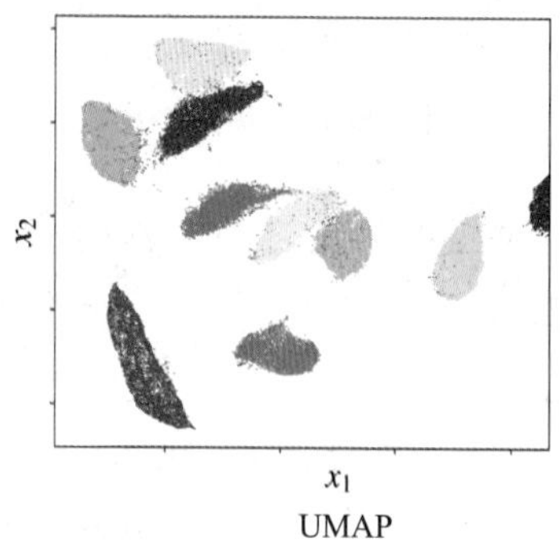

图 9.8 在 MNIST 数据集中使用 3 种不同维度降低方法的效果

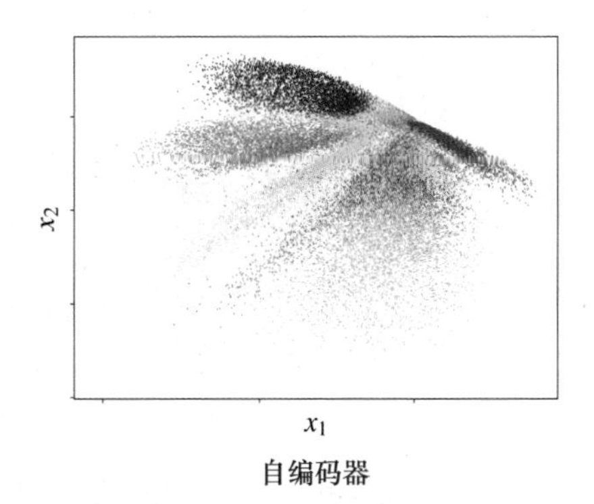

图 9.8 在 MNIST 数据集中使用 3 种不同维度降低方法的效果（续）

9.4 异常值检测

异常值检测（outlier detection）是为了找出数据集中与大多数其他样本看起来很不一样的异常值。我们已经介绍过的几种方法可以用于解决该问题：自编码器和单类别分类学习。

如果使用第一种方法，我们就在数据集中训练一个自编码器。接着，如果我们想要预测一个样本是否是异常值，可使用训练好的模型从瓶颈层重塑样本。模型应该无法重塑一个异常样本。

在单类别分类中，模型可预测输入样本是否属于正常类别，否则为异常值。

第 10 章 其他学习形式

10.1 质量学习

我们讲过，衡量两个特征向量之间的相似性（或不相似性）的最常用指标是**欧氏距离**（Euclidean distance）和**余弦相似度**（cosine similarity）。选择它们作为指标看起来正常，其实却是很随意的决定。就如同在线性回归中我们选择平方误差（或线性回归的形式本身）。实际上，根据数据集不同，某个指标可能好过另外一个。因此，并没有哪个指标称得上是完美的。

我们可以创建一个针对我们的数据表现更好的指标。新指标可以与任意需要指标的学习算法整合，比如 k 均值或 kNN 等。在不能试遍所有可能值的情况下，我们如何得知哪个公式是好指标呢？有读者可能猜到了，指标也可以从数据中学得。

让我们先回顾一下两个特征向量 $\mathbf{x}$ 和 $\mathbf{x}'$之间的欧氏距离：

$$d(\mathbf{x},\mathbf{x}') = \|\mathbf{x}-\mathbf{x}'\| \stackrel{\text{def}}{=} \sqrt{(\mathbf{x}-\mathbf{x}')^2} = \sqrt{(\mathbf{x}-\mathbf{x}')(\mathbf{x}-\mathbf{x}')}$$

我们可以稍微改变一下，令其参数化，再从数据中学习这些参数。改变如下：

$$d_A(\boldsymbol{x},\boldsymbol{x}') = \|\boldsymbol{x}-\boldsymbol{x}'\|_A \stackrel{\text{def}}{=} \sqrt{(\boldsymbol{x}-\boldsymbol{x}')^{\mathrm{T}}\boldsymbol{A}(\boldsymbol{x}-\boldsymbol{x}')}$$

其中，$\boldsymbol{A}$ 是一个 $D \times D$ 矩阵。假设 $D=3$，如果我们令 $\boldsymbol{A}$ 为一个单位矩阵：

$$\boldsymbol{A} \stackrel{\text{def}}{=} \begin{bmatrix} 1 & 0 & 0 \\ 0 & 1 & 0 \\ 0 & 0 & 1 \end{bmatrix}$$

则 d_A 变成欧氏距离。如果我们有一个普通对角矩阵：

$$\boldsymbol{A} \stackrel{\text{def}}{=} \begin{bmatrix} 2 & 0 & 0 \\ 0 & 8 & 0 \\ 0 & 0 & 1 \end{bmatrix}$$

则指标不同维度的重要性不同（在上例中，第二维度对指标计算最重要）。通常，含有两个变量的指标函数需要满足3个条件：

- $d(\boldsymbol{x}, \boldsymbol{x}') \geqslant 0$　　非负性
- $d(\boldsymbol{x}, \boldsymbol{x}') \leqslant d(\boldsymbol{x}, \boldsymbol{x}') + d(\boldsymbol{x}', \boldsymbol{z})$　　三角不等式
- $d(\boldsymbol{x}, \boldsymbol{x}') = d(\boldsymbol{x}', \boldsymbol{x})$　　对称性

为满足前两个条件，$\boldsymbol{A}$ 必须是正定矩阵。我们可以这样理解正定矩阵，它是非负实数概念以矩阵形式的泛化。任意正定矩阵 $\boldsymbol{M}$ 都满足：

$$\boldsymbol{z}^{\mathrm{T}}\boldsymbol{M}\boldsymbol{z} \geqslant 0$$

其中，$\boldsymbol{z}$ 是与 $\boldsymbol{M}$ 的行、列数相同的任意向量。

以上特质与正定矩阵的定义一致。关于正定矩阵满足第二个条件的证明，可在本书的配套网站中找到。

为满足第三个条件，我们可以直接使用 $(d(\boldsymbol{x}, \boldsymbol{x}') + d(\boldsymbol{x}', \boldsymbol{x}))/2$。

假设一个无标签的数据集为 $X=\{\boldsymbol{x}_i\}_{i=1}^N$。为质量学习问题准备训练数据，我们要手动创建两个数据集。一个集合 S 包括成对的、类似的样本 $(\boldsymbol{x}_i, \boldsymbol{x}_k)$；另一个集合 D 同样包含成对样本 $(\boldsymbol{x}_i, \boldsymbol{x}_k)$，不过彼此相异。

从数据中训练参数矩阵 $\boldsymbol{A}$，等同于对以下优化问题求解：

$$\min_{\boldsymbol{A}} \sum_{(\boldsymbol{x}_i,\boldsymbol{x}_k)\in S} \|\boldsymbol{x}-\boldsymbol{x}'\|_{\boldsymbol{A}}^2 \text{ 使得 } \sum_{(\boldsymbol{x}_i,\boldsymbol{x}_k)\in D} \|\boldsymbol{x}-\boldsymbol{x}'\|_{\boldsymbol{A}} \geqslant c$$

其中，$\boldsymbol{A}$ 是一个正定矩阵，c 是一个正数恒定值（可以是任意值）。

要对该问题求解，需要对梯度下降做出改动，以确保得到的矩阵 $\boldsymbol{A}$ 是正定矩阵。具体过程在此省略。

值得一提的是，**单样本学习**（one-shot learning）、**孪生网络**（Siamese network）以及**三重损失**（triplet loss）均可被视为质量学习问题：集合 S 包括成对的、属于同一个人的图片样本；而集合 D 中的样本是随机搭配的。

还有许多其他质量学习方法，包括非线性的和基于核的。不过，本书中介绍的方法，加上单样本学习的变体，足以解决大多数实际问题。

10.2 排序学习

排序学习（learning to rank）是一类监督学习问题，最常见的应用场景是对搜索引擎返回结果进行优化。优化搜索结果时，大小为 N 的训练集中，一个有标签样本 X_i 是一个大小为 r_i 的已排序文档集（标签是文档的序号）。文档集中每个文档以一个特征向量表示。学习的目标是找到一个排序函数 f，输出的值可用于对文档排序。对每个训练样本来说，最理想的函数 f 输出值应与给定标签一致。

对 $i=1, \cdots, N$，每个样本 X_i 是一个特征向量和标签的集合：

$X_i=\{(\boldsymbol{x}_{i,j},\ y_{i,j})\}_{j=1}^{r_i}$。向量$\boldsymbol{x}_{i,j}$中的特征表示文档$j=1,\ \cdots,\ r_i$。举个例子，$\boldsymbol{x}_{i,j}^{(1)}$可能表示文档的时效性；$\boldsymbol{x}_{i,j}^{(2)}$表示搜索语句是否出现在文档标题中；$\boldsymbol{x}_{i,j}^{(3)}$代表文档大小，诸如此类。标签$y_{i,j}$可以是序号（1，2，…，$r_i$），或者是一个评分。比如，评分越高的文档排名越靠前。

解决该问题有3种方法：**单文档**（pointwise）、**文档对**（pairwise）和**文档列表**（listwise）。

单文档法将每个训练样本转换成多个样本：每个样本对应一个文档。这样，问题就变成标准监督学习问题，可以是回归或对数几率回归。单文档学习的每个样本（$\boldsymbol{x}$，y）中，$\boldsymbol{x}$是文档的特征向量，y是原始评分（如果$y_{i,j}$是一个评分），或从排序中获得的合成评分（排名越高，合成评分越低）。这样一来，任何监督学习算法都适用。不过，结果通常不尽如人意。原因是，我们单独考虑每个文档，而原序列（通过原训练集中的标签$y_{i,j}$获得）可能优化了所有文档的位置。例如，对一个搜索语句，我们已经把一个维基百科页面排在前面，就不太可能将另一个类似页面也排在前面了。

在文档对方法中，我们也单独考虑文档，只不过是一对文档。给定一对文档（$\boldsymbol{x}_i$，$\boldsymbol{x}_k$），我们构建一个模型f以（$\boldsymbol{x}_i$，$\boldsymbol{x}_k$）为输入并输出一个值。如果$\boldsymbol{x}_i$的排名应该在$\boldsymbol{x}_k$之前，输出的值接近1；否则，输出的值接近0。在测试时，一个无标签样本X的最终排序需要整合X中所有样本对的预测结果。文档对方法的效果优于单文档方法，不过还是不够完美。

最先进的排序学习算法（如**LambdaMART**）属于文档列表方法。在该方法中，我们通过某个反映排序效果的指标直接优化模型。可以用于检验搜索结果排序的指标有许多，包括查准率和查全率。一种常用的、结合二者的指标是**均值平均精度**（Mean Average Precision，MAP）。

要定义MAP，我们需招募评判员［谷歌称这些人为排序员（rank-

er)] 检查一组关于一条搜索语句的搜索结果，并为每条结果分配相关性标签。标签可为二元（1 代表“相关”，0 代表“无关”），或遵循某种尺度，比如从 1 到 5：标签值越高，文档与搜索语句相关性越高。评判员逐条为 100 条搜索语句建立相关性标注。接下来，便可以测试我们的排序模型。模型对于一组搜索语句的**精确度**为：

$$\text{精确度} = \frac{|\{\text{相关文档}\} \cap \{\text{搜索返回文档}\}|}{|\{\text{搜索返回文档}\}|}$$

其中，$|\cdot|$符号代表符合竖线之间内容样本的数量。搜索引擎对一个搜索语句 q 返回的排序文档的**平均精确度**（Average Precision，AveP）指标可定义为：

$$\text{AveP}(q) = \frac{\sum_{k=1}^{n}(P(k) \cdot \text{rel}(k))}{|\{\text{相关文档}\}|}$$

其中，n 是搜索返回文档数；$P(k)$ 表示精确度，由模型返回排名最高的 k 个结果计算得出；$\text{rel}(k)$ 是指示函数，当 k 位置的文档与搜索语句相关时（根据评判员判断）等于 1，否则为 0。最后，Q 个搜索语句的 MAP 可定义为：

$$\text{MAP} = \frac{\sum_{q=1}^{Q} \text{AveP}(q)}{Q}$$

现在，我们回过头来看 LambdaMART。该算法实现了文档列表法，使用梯度提升训练排序函数 $h(\boldsymbol{x})$。接着，以一个二元模型 $f(\boldsymbol{x}_i, \boldsymbol{x}_k)$ 预测文档 $\boldsymbol{x}_i$ 是否比 $\boldsymbol{x}_k$ 排名靠前（对于同一条搜索语句）。该模型可以是一个含有超参数 α 的 sigmoid 函数。

$$f(\boldsymbol{x}_i, \boldsymbol{x}_k) \stackrel{\text{def}}{=} \frac{1}{1 + \exp((h(\boldsymbol{x}_i) - h(\boldsymbol{x}_k))\alpha)}$$

同样，由于同时使用多个模型预测概率，我们用交叉熵作为模型 f 的成本函数。在梯度提升中，我们通过最小化成本和整合多个回归树来构建函数 h。回顾一下，梯度提升的过程是将一个树加入模型，从而降低当前模型在训练数据上的误差。对于分类问题，我们计算成本函数的导数，并用这些导数取代训练样本的真实标签。LambdaMART 的原理类似，只有一点区别。它将实际梯度替换为梯度和另一个因素的组合。另一个因素由指标决定，如 MAP。该元素通过增加或减少原梯度来提高指标值。

这个主意非常巧妙，没有几个监督学习算法能够直接对指标进行优化。尽管优化指标是最终目标，然而在典型的监督学习算法中优化的是成本，而并非指标（因为指标通常不可导）。一般在监督学习中，一旦我们找到一个可以优化成本函数的模型，就尝试通过微调超参数来提高指标值。LambdaMART 则直接优化指标。

最后的问题是，如何利用模型 f 的预测对搜索结果进行排序。模型 f 只预测一个输入是否应该排在另一个输入之前。通常，直接计算这个问题比较复杂，我们可以利用一些现成算法，将文档对比较转换成排序列表。

最直接的方法是用一个现成的排序（sorting）算法。排序算法将一组无序的数字按升序或降序排列。[最简单的排序算法叫作冒泡排序（bubble sort）。工程院校的课程通常都会教。] 简单来说，排序算法会迭代地比较集合中的一对数字，并基于比较的结果改变它们的顺序。如果我们在排序算法中插入模型 f 来执行比较过程，那么该算法便可以用于文档排序。

10.3 推荐学习

推荐学习是构建推荐系统的一种方法。通常情况是，我们有一个

用户和用户消费的内容。根据该用户的消费历史，我们想要推荐给他可能会喜欢的新内容，比如网飞（Netflix）上的一部电影，或者是亚马逊（Amazon）里的一本书。

构建传统推荐系统的主要方法分两种：**基于内容过滤**（content-based filtering）和**协同过滤**（collaborative filtering）。

基于内容过滤是指根据消费内容的描述来学习用户喜好。举个例子，如果某新闻网站的一个用户经常浏览关于科技的文章，我们会推荐更多科技文章给他。更普遍地说，我们为每个用户创建一个训练集，加入新闻文章的特征向量 $\mathbf{x}$，以及代表该用户是否最近阅读过该文章的标签 y。接着，我们为每个用户建模，并定时检查每个新文章是否符合每个用户的阅读喜好。

基于内容推荐有许多局限性。例如，某用户可能会被困在所谓的过滤气泡中：系统会一直推荐与用户过去消费内容非常相似的信息。结果造成该用户被完全孤立，接触不到与他意见相左的内容，也无法扩展兴趣范围。从更现实的角度，用户可能会直接停止订阅推荐内容，造成用户流失。

相比之下，协同过滤有一个明显优势：对一个用户推荐的依据是其他用户的消费或评价。打个比方，如果两个用户对同样 10 部电影的评价都很高，那么用户 1 很可能会喜欢根据用户 2 的品位推荐的新电影，反之亦然。该方法的缺点是，没有考虑被推荐的具体内容。

在协同过滤中，一个矩阵代表用户的喜好信息。每行对应一个用户，每列对应一条用户消费过或评价过的物品。一般这个矩阵会非常大，而且极度稀疏。也就是说，矩阵中绝大多数单元都是空的（或者值为0）。原因是，大多数用户只消费或评价过一小部分内容。系统很难根据如此稀疏的数据做出有意义的推荐。

大多数现实中应用的推荐系统使用混合方法：结合基于内容推荐

和协同过滤推荐模型的结果。

我们可以构建一个分类或回归模型作为基于内容的推荐模型，根据特征（可以包括用户喜欢的书或文章中的文字、价格、内容的时效性、作者的身份等）预测一个用户是否会喜欢某个推荐内容。

下面介绍两个有效的推荐系统学习算法：**因子分解机**（Factorization Machines，FM）和**去噪自编码器**（Denoising Autoencoders，DAE）。

10.3.1 因子分解机

因子分解机是相对较新的一种算法，特别为稀疏的数据集而设计。我们用一个例子来具体解释一下。

图 10.1 中的例子展示了稀疏的特征向量和对应的标签。每个特征向量代表关于一个特定用户和一部特定电影的信息。蓝色区域表示用户特征，用独热向量编码。绿色区域表示一部电影，同样被编码成独

	用户				电影					电影评价								
	Ed	Al	Zak	…	It	Up	Jaws	Her		It	Up	Jaws	Her					
	x_1	x_2	x_3	…	x_{21}	x_{22}	x_{23}	x_{24}	…	x_{40}	x_{41}	x_{42}	x_{43}	…	x_{99}	x_{100}	y	
$\boldsymbol{x}^{(1)}$	1	0	0	…	1	0	0	0	…	0.2	0.8	0.4	0	…	0.3	0.8	1	$y^{(1)}$
$\boldsymbol{x}^{(2)}$	1	0	0	…	0	1	0	0	…	0.2	0.8	0.4	0	…	0.3	0.8	3	$y^{(2)}$
$\boldsymbol{x}^{(3)}$	1	0	0	…	0	0	1	0	…	0.2	0.8	0.4	0	…	0.3	0.8	2	$y^{(3)}$
$\boldsymbol{x}^{(4)}$	0	1	0	…	0	0	1	0	…	0	0	0.7	0.1	…	0.35	0.78	3	$y^{(4)}$
$\boldsymbol{x}^{(5)}$	0	1	0	…	0	0	0	1	…	0	0	0.7	0.1	…	0.35	0.78	1	$y^{(5)}$
$\boldsymbol{x}^{(6)}$	0	0	1	…	1	0	0	0	…	0.8	0	0	0.6	…	0.5	0.77	4	$y^{(6)}$
⋮	⋮	⋮	⋮												⋮	⋮	⋮	⋮
$\boldsymbol{x}^{(D)}$	0	0	0	…	0	0	1	0	…	0	0	1	0	…	0.95	0.85	5	$y^{(D)}$

图 10.1　稀疏特征向量 x 及其对应的标签 y

热向量。黄色区域代表同行代表的用户对每部电影的评分。特征 x_{99} 表示所有该用户看过的电影中奥斯卡获奖影片的比例。特征 x_{100} 表示该用户在对绿色区域表示的电影评分之前所看过电影的百分比。目标 y 代表蓝色区域代表的用户对绿色区域代表的电影的评分。

在实际推荐系统中，用户可能有数以百万计。也就是说，图 10.1 中的矩阵可能有上百万行。特征数可能有几十万，取决于相关内容的丰富性，也取决于数据科学家在特征工程中的创造性。特征 x_{99} 和 x_{100} 便是特征工程中手动创造的，类似的例子还有许多。

对如此稀疏的数据集拟合的回归或分类模型，泛化性自然比较差。因子分解机解决该问题的思路有所不同。

因子分解机模型可定义为：

$$f(\boldsymbol{x}) \stackrel{\text{def}}{=} b + \sum_{i=1}^{D} w_i x_i + \sum_{i=1}^{D} \sum_{j=i+1}^{D} (\boldsymbol{v}_i \boldsymbol{v}_j) x_i x_j$$

其中，b 和 w_i（$i = 1, \cdots, D$）是标量参数，与线性回归中的参数类似。向量 $\boldsymbol{v}_i$ 是维度等于 k 的**因子**（factor）向量。k 是超参数，通常比 D 小很多。$\boldsymbol{v}_i \boldsymbol{v}_j$ 是第 i 个和第 j 个因子向量的点积。

显然，如果要找一个很宽的参数向量，由于其稀疏性，无法有效表示特征之间的关联。我们在一对特征之间的关联 $x_i x_j$ 上添加额外参数。然而，如果对每个关联添加一个参数 $w_{i,j}$，会在模型中增加数量巨大[①]的新参数。通过因子分解，我们只需在模型中添加 $Dk \ll D(D-1)$ 个参数[②]，便可将 $w_{i,j}$ 分解为 $\boldsymbol{v}_i \boldsymbol{v}_j$。

取决于具体问题，损失函数可以是平方误差（回归）或合页损失。

---

① 更具体地说，我们将加入 $D(D-1)$ 个参数 $w_{i,j}$。

② $\ll$ 符号的意思是远远小于。

对于 $y \in \{-1, +1\}$ 的分类任务，使用合页损失或对数概率损失的预测结果为 $y = \mathrm{sign}(f(x))$。对数概率损失可定义为：

$$\mathrm{loss}(f(\boldsymbol{x}), y) = \frac{1}{\ln 2}\ln(1 + \mathrm{e}^{-yf(\boldsymbol{x})})$$

平均损失可通过梯度下降优化。在图 10.1 的例子中，标签值为 {1, 2, 3, 4, 5}，因此是多类别分类问题。可以使用**一对多**（one versus rest）策略，将该问题转换成 5 个二分类问题。

10.3.2 去噪自编码器

第 7 章介绍过自编码器：它是一种神经网络，可从瓶颈层重塑输入信息。由于输入被加入了噪声，而输出应是加入噪声前的原始信息，因此自编码器很适合构建推荐系统。

想法很直接：假设存在一个所有符合某用户喜好的电影集合。我们想要推荐给该用户的新电影，可以看作是添加噪声过程中，从集合中被移除的电影。

要准备去噪自编码器的训练数据，可以从图 10.1 中的训练集中去除蓝色和绿色特征。这样会造成重复，我们可只保留独特样本。

在训练时，在输入特征向量中，随机替换一些非 0 的黄色特征为 0。训练自编码器重塑为损坏的输入。

在预测时，为每个用户构建一个特征向量，包括损坏的黄色特征以及手工添加的特征，如 x_{99} 和 x_{100}。使用训练后的 DAE 模型重塑未损坏的输入。最后，将模型输出中得分最高的电影推荐给用户。

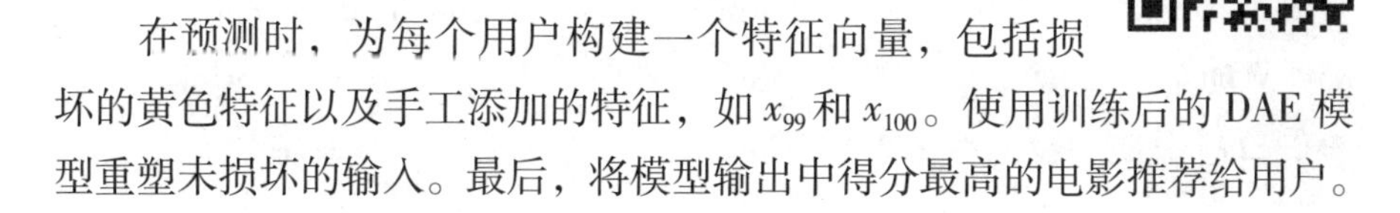

另一种有效的协同过滤模型是一个接受两个输入和一个输出的 FFNN。第 8 章提到，神经网络可以很好地同时处理多个输入。这里，

一个训练样本是一个三元组（$\boldsymbol{u}$，$\boldsymbol{m}$，r）。输入向量 $\boldsymbol{u}$ 为用户的独热编码。第二个输入向量 $\boldsymbol{m}$ 是电影的独热编码。当标签 r 取值范围为［0，1］时，输出层可以是 sigmoid；当标签的值取自某特定范围，如［1，5］时，输出层使用 ReLu。

10.4 自监督学习：词嵌入

第 7 章也讨论过词嵌入。**词嵌入**（word embedding）是表示词的特征向量。它特点是，相似的词的特征向量也相似。读者可能会问，那词嵌入是从哪来的呢？答案（当然）是：从数据中学习。

学习词嵌入的方法有多种。在本书中，我们只介绍其中的一种 word2vec，以及 word2vec 在实践中效果较好的一个版本**跳字模型**（skip-gram）。从网上可以下载到多种语言的预训练 word2vec 模型。

在词嵌入学习中，我们的目标是构建一个模型，它可以将一个词的独热编码转换为词嵌入。假设我们的词汇表中包括 10 000 个词。每个词的独热编码是一个 10 000 维向量，除了 1 个维度的值等于 1 之外，其他所有维度都等于 0。

让我们以句子"I almost finished reading the book on machine learning."（我就快就读完这本机器学习书了。）为例[①]，如果将一个词，比如"book"（书），从句子中移除，那么新的句子将变成"I almost finished reading the · on machine learning."。接着，我们只考虑·符号之前和之后的 3 个单词"finished reading the ? on machine learning"。如果只考虑包括这 7 个单词的短句，让我们猜"?"表示什么，我们可能会说"book"（书）"article"（新闻）或"paper"（论文）。

① 译者注：一般情况下，词嵌入的基本单位是单词，也可以是字母或汉字。由于汉字的情况比较特殊，涉及分词，因此这里按照原作，仍以英文为例。

我们可以这样通过上下文预测单词。机器学习“book”“article”和“paper”的意思相近也是如此：因为它们在很多文本中上下文相同。

事实上，我们也可以通过一个词预测它的上下文。短句“finished reading the · on machine learning”是一个滑动窗口大小为7(3+1+3)的跳字模型。通过网上可以找到的大量文本，我们可以轻易地创建上亿个跳字模型。

让我们用［$\boldsymbol{x}_{-3}$，$\boldsymbol{x}_{-2}$，$\boldsymbol{x}_{-1}$，$\boldsymbol{x}$，$\boldsymbol{x}_{+1}$，$\boldsymbol{x}_{+2}$，$\boldsymbol{x}_{+3}$］表示一个跳字模型。在例句中，$\boldsymbol{x}_{-3}$是对应“finished”（完成）的独热向量，$\boldsymbol{x}_{-2}$对应“reading”（读），$\boldsymbol{x}$是跳字·，$\boldsymbol{x}_{+1}$是“on”，以此类推。一个滑动窗口大小为5的跳字模型看起来是这样的：［$\boldsymbol{x}_{-2}$，$\boldsymbol{x}_{-1}$，$\boldsymbol{x}$，$\boldsymbol{x}_{+1}$，$\boldsymbol{x}_{+2}$］。

图10.2展示一个滑动窗口大小为5的跳字模型示意图。它是一个

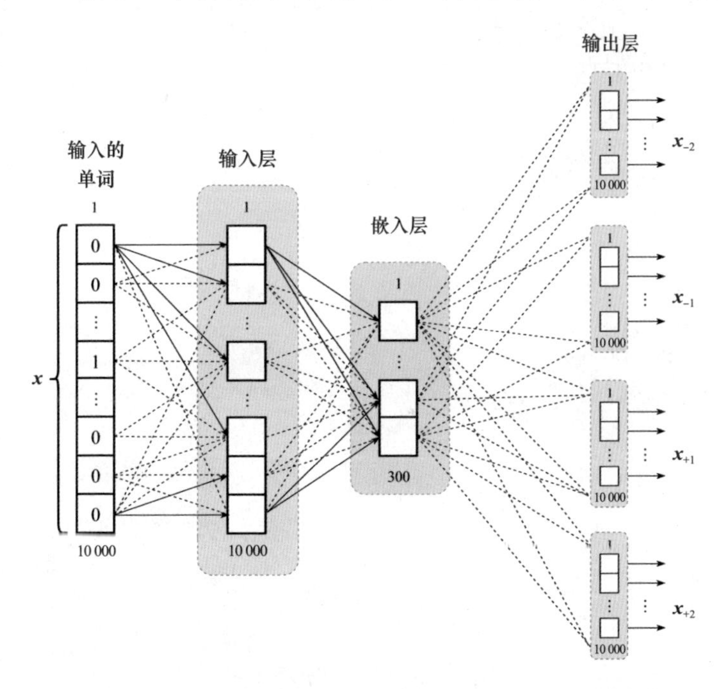

图10.2 滑动窗口大小为5、嵌入层单元数为300的跳字模型

全连接神经网络，类似一个多层感知机。输入的单词是跳字模型中的·。神经网络需要学习如何通过中间单词预测上下文。

现在我们可以理解为什么这类学习叫作**自监督**（self-supervised）：有标签的样本是从无标签的样本中抽取的，如文本。

输出层用到的激活函数是 softmax。成本函数是负对数似然。模型以一个单词的独热编码为输入，由嵌入层输出该单词的嵌入向量。

word2vec 模型包含大量参数，有两种方法可使计算更高效：分层 softmax（hierarchical softmax）（一种计算 softmax 的高效方法，将 softmax 的输出表示成一个二叉树的叶节点）和负取样（negative sampling）（在梯度下降的一个迭代中，随机选择所有输出中的一部分进行更新）。读者可在附加材料中了解更多。

第 11 章 结论

哇，太快了！如果读者读到这里并能理解书中的大部分内容，那真的是太棒了。

即便就此收笔，我们仍很有信心地相信，读者已经掌握了成为一名出色现代数据科学家或机器学习工程师的必要知识。虽然无法涵盖所有内容，但是我们在这较短的篇幅中已经浓缩了好几本上千页厚的书中的精华。我们甚至包括了很多这些书中没有的内容：典型的机器学习教科书往往偏向保守、学术化，而我们的书中着重介绍日常工作中常用到的算法和方法。

假如我们的书有上千页，还会包括哪些内容呢？

11.1 主题模型

在文本分析中，主题模型是很流行的非监督学习问题：给定一个文本集合，我们想要发现每个文档中的主题。**隐含狄利克雷分配模型**（Latent Dirichlet Allocation，LDA）是一个非常高效的主题发现算法。首先，我们决定全部主题个数，算法会为文本集中的每个词分配一个主题。接着，从一个文档中抽取主题，我们只需要统计每个主题有几个词出现在文档中。

11.2 高斯过程

高斯过程（Gaussian Process，GP）是一种与核回归类似的监督学习方法。相比于后者，高斯回归的优势在于，它为回归线的每个点生成置信区间。我们决定不在这里讨论高斯过程，因为还想不出一个简单的解释方法。不过，读者完全可以花点时间自学。学过之后一定会觉得它非常有趣。

11.3 广义线性模型

广义线性模型（Generalized Linear Model，GLM）是线性回归的泛化，对输入特征向量和目标之间的多种依赖性进行建模。譬如，对数几率回归就是一种 GLM。如果读者对回归任务感兴趣，并需要一个简单且可解释的模型，可以多了解一下 GLM。

11.4 概率图模型

其实，第 7 章已经介绍了一种**概率图模型**（Probabilistic Graphical Model，PGM）：**条件随机场**（Conditional Random Field，CRF）。通过 CRF 我们可以使用顺序依赖图（dependency graph）对输入文字序列以及该序列特征与标签之间的关系分别建模。更通俗地说，一个 PGM 可以是任意图。一个**图**（graph）结构包含若干个节点和连接两个节点的边。每个节点代表某个随机变量（可观测或不可观测的），每条边代表一个随机变量对另一个随机变量的条件依赖。打个比方，随机变量“人行道的湿度”依赖于随机变量“天气状况”。通过观察一些随机变量值，一个优化算法可以从数据中学习可观测和不可观测变量之间的依赖。

PGM 允许数据科学家直观地观察一个特征值如何依赖于另一个特征。如果依赖图的边是有方向的，它也可以推断因果关系。然而，手工构建这种模型需要大量专业领域知识，以及对概率理论和统计学的深刻理解。概率和统计知识的欠缺是许多领域专家经常面临的问题。有的算法可以从数据中学习依赖图的结构，不过学得的模型很难解释，因此对理解数据中的复杂概率过程帮助不大。CRF 是目前使用最广泛的 PGM，主要应用于文本和图像处理。不过，即便是在这两个领域，CRF 的表现也被神经网络超越。另一种图模型是隐形马尔可夫模型（Hidden Markov Model，HMM），过去常用于语音识别、时间序列分析以及其他时间推断任务。但是，HMM 的效果一样不敌神经网络。

如果读者想了解更多 PGM，贝叶斯网络（Bayesion network）、置信网络（belief network）和概率独立网络（probabilistic independence network）都属于这一类型。

11.5 马尔可夫链蒙特卡洛算法

在图模型中，要从一个由依赖图定义的复杂分布中抽取样本，我们可以考虑使用**马尔可夫链蒙特卡洛**（Markov Chain Monte Carlo，MCMC）算法。MCMC 是一类算法，用于从任何数学定义的概率分布中取样。譬如，在**去噪自编码器**（denoising autoencoder）中，噪声从正态分布中取样。由于标准分布（如正态分布、均匀分布等）的特质较为常见，从中取样相对容易。不过，当概率分布由一个复杂公式定义时，从中取样的任务就变得困难得多。

11.6 基因算法

基因算法（Genetic Algorithm，GA）是一种优化不可导目标函数的数值优化方法。它模仿生物进化过程，使用生物进化概念搜索一个优化问题的全局最优解（极小值或极大值）。

开始时，GA 生成初代的候选解。如果想找模型参数的最优解，我们先随机生成多种不同的参数组合。接着，用目标函数测试每个参数组合。每个组合可以被想象成位于多维空间中的一个点。然后，我们再通过“筛选”“交换”和“突变”等方法从前一代点生成下一代点。

简而言之，由目标函数测试表现最好的点得到保留，每次新一代的结果都比前一代保留的点多。在新一代中，前一代表现最差的点被取代，取而代之的是表现最好点的“突变”和“交换”。一个点的突变是对原数据点某些属性的随机篡改，交换则是若干个点的某种组合（比如平均）。

基因算法可对任何可测量的优化标准求解。比如，GA 可用于优化一个学习算法的超参数。不过，它的速度一般比基于梯度的优化方法慢不少。

11.7 强化学习

正如我们之前提到过，**强化学习**（Reinforcement Learning，RL）解决一种非常特殊的情况，决策需要按顺序做出。一般来说，机器（agent）处于一个未知的环境中。机器行使的每个动作都会产生一个奖励（reward），并将机器转移到环境中的另一个状态（通常是某个特性的未知随机过程的结果）。机器的目标是优化长期奖励。

强化学习算法，如Q学习（Q-learning），以及基于神经网络的模型，常用于学习操作电子游戏、机器人导航和定位、库存和物流管理、优化复杂电力系统（电网）以及学习金融交易策略。

本书到此接近尾声。别忘了回来访问本书的配套网页，以获取有关书中内容的更新。正如在前言中所说，得益于维基内容的不断更新，本书犹如一坛美酒，入手之后越来越香。

术语表

A

accuracy（准确率） 评估一个分类模型效果的度量，由正确分类样本数除以总分类样本数计算得出。

activation function（激活函数） 一个神经网络中，任意应用于输入单元加权和的非线性函数。神经网络可以逼近几乎任意函数，正是得益于激活函数。

active learning（主动学习） 机器学习的一种。主动学习的价值体现在，当标注样本成本过高的情况下，算法可以决定从哪些数据中学习。相比于盲目地、大范围地收集标签样本，一个主动学习算法会有选择性地查找特定范围内的学习所需的样本。

AdaBoost 最早的实用集成学习算法之一。AdaBoost 通过在每次迭代中选择一个最小化误差加权和的弱分类器，构建一个强分类器。每次迭代之后，权重也随之调整。被集成分类器分类错误的样本，在下一迭代中的权重会有所增加。

agglomerative clustering algorithm（凝聚层次聚类法） 一种“自底向上”的层次聚类算法。每个样本有各自的初始类簇，样本进入上一层的同时合并两个类簇。

area under the ROC curve（ROC 曲线下面积） 一个评估分类模

型表现的一种常用方法。ROC 曲线集成假正率（样本被预测为正，实际为负）和真正率（样本被正确预测为正），构建一个分类表现的概要图。ROC 曲线相对简洁，并涵盖分类的多方面，因此等到广泛应用。

autoencoder（自编码器） 神经网络的一种，其目标是通过网络中的一个瓶颈层，预测输入本身。通过加入瓶颈层的方式，网络被迫学习输入数据的低维度表示，从而有效地压缩了输入。与它相似的还有主成分分析，以及其他表示学习方法。不过，因为自编码器的非线性，它可以学习更复杂的映射。

B

backpropagation（反向传播） 在神经网络中，进行梯度下降的主要算法。首先，在向前传播过程中，每个节点计算出一个输出值。接着，在通过计算图向后传播的过程中，计算误差对每个参数的偏导数。

bag of words（词袋） 一种用于文本文档的特征工程方法。根据词袋方法，在特征向量中，每个维度代表一个特定词条是否存在。这样一来，这种将文档表示为特征向量的方法就忽略了文档中的词序。即便如此，词袋模型在实际文本分类的效果一般也都不错。

bagging（装袋） 又称引导聚集算法，是一种机器学习集成算法，目的是提升分类和回归算法的准确率。袋装模型可降低方差，并避免过拟合。它包括训练多个不同的基学习器。训练每个基学习器需要不同的训练数据，分别从总样本集中随机抽取（有放回采样）。最终预测结果是所有集学习器预测的均值。

base learner（基学习器） 一种学习算法，多个生成的模型将被一个集成算法整合。一个常见的例子是决策树。作为基学习器，它被用于随机森林和梯度提升等集成学习算法。

baseline（基线） 一个可作为模型的算法或启发式（heuristic）。

我们常用非机器学习的方法或最简单的特征工程方法生成一个基线。基线可以帮助我们量化某个特定问题的最低预期效果。

batch（批量） 也称为小批量（minibatch），是利用梯度下降训练模型时每次迭代所用的样本集。

batch normalization（批量归一化） 对每个小批量，归一化某一层输入的技术。其目的是为了使一个神经网络的某一层提供0均值和单位方差的输入（又见：标准化）。在实际中，它可以加快训练速度，允许使用更高的学习率，且具有正则化（regularization）的效果。批量归一化对卷积神经网络和一般前馈神经网络非常有效。

Bayes' Rule（贝叶斯准则） 也称为贝叶斯定理，以18世纪英国数学家托马斯·贝叶斯命名。利用该规则，我们可以使用新的、额外的信息修正现有预测。

Bayesian optimization（贝叶斯优化） 一种超参数调试技巧，通过逐步构建一个表示超参数的未知函数的模型来求解最优值。

bias（偏差） 一个由学习算法错误假设所造成的误差。高偏差可能导致一个算法忽略特征与目标输出之间的关联性（欠拟合）。

bias-variance tradeoff（偏差-方差折中） 为泛化监督学习算法用于训练数据外的样本，我们需要同时最小化高偏差（欠拟合）和高方差（过拟合）。偏差-方差折中是指我们同时最小化两个误差源头时所面对的矛盾。

bigram（双字（符）组） 从一个字符串中抽取的两个词条或两个字符。比如，在英文单词“cat”中有两个双字符组，分别为“ca”和“at”。在例句“我会游泳”中有3个双字组：“我会”“会游”和“游泳”。在作为特征时，双字组常与词袋中的字同时使用，也可取代词袋。

bin（箱） 或称为桶，是一个用于表示某区间内连续性特征的合成二元特征。当该连续性特征的值在某特定范围内时箱值为 1。

binary classification（二分类） 一个分类问题，标签的值只能是两个类别中的一个。比如，判断垃圾邮件或诊断一个患者是否患有某个疾病。

binary variable（二元变量） 一个只可以取两个值之一的变量（特征或目标）：1 或 0，"正" 或 "负"。

binning（分箱） 又叫分桶，将一个连续特征转换成多个二元特征（称为箱货桶），新的值通常根据值区间决定。例如，与其直接用一个整数特征表示年龄，我们可以将年龄范围划分成几个独立的箱：所有年龄在 0 ~ 5 岁的放进第一箱，6 ~ 10 岁放进第二箱，11 ~ 15 岁放进第三箱，16 ~ 25 岁放进第四箱，以此类推。

boosting（提升） 一种集成学习的方法，迭代地将一组简单的、准确率不高的分类器（弱分类器）组成一个高准确率的分类器（强分类器）。过程中，较高的权重会分配给被当前模型分类错误的样本。提升算法有很多种，常用的是 AdaBoost 和梯度提升。

bootstrap aggregating（自举汇聚法） 见 Bagging（装袋）。

Bootstrapping（自举法） 可以有两种解释。第一种意思是，通过从原数据集多次有放回采样，估计群体的统计信息。这些样本称为自举样本。第二种意思是，迭代地利用少量标签样本训练一个模型，再手动检查对无标签样本的分类对错，并连同正确标签加入训练集。

Bottleneck（瓶颈） 神经网络的一个层类型，比前一层单元数量要少。通过瓶颈层，我们可以将输入数据降维表示。例如，自编码器利用瓶颈层进行非线性降维或表示学习。

bucket（桶） 见 bin（箱）。

bucketing（分桶） 见 binning（分箱）。

C

C4.5 常用的决策树学习算法类型。相比于 ID3，它有以下优点：兼容连续和离散的特征、可以处理不完整样本，并使用一种自底向上的“剪枝”方法解决过拟合问题。

CART（分类与回归树） 常用的决策树学习算法之一，与 C4.5 相似。

categorical feature（类型特征） 可被一个类型变量赋值的特征。

categorical variable（类型变量） 一个取值范围有限的变量，通常可能值是固定的。例如，类型变量“交通灯颜色”只能有 3 个可能值：“红”“黄”和“绿”。

centroid（质心） k 均值或 k 中值算法中用到的一个聚类簇的中心。譬如，如果 *k* 等于 4，k 均值或 k 中值算法就要找 4 个质心。

class（类别） 一个样本所属的种类。一个有标签样本包含一个特征向量和表示其类别的参照。一个特征向量所对应的特定类别叫作标签。例如，在检测垃圾邮件的二分类模型中，两个类别分别为“垃圾邮件”和“非垃圾邮件”。在识别植物种类的多分类模型中，种类可能是“树”“花”“蘑菇”等。

classification（分类） 给一个样本预测标签的问题。

classification algorithm（分类算法） 一种机器学习算法，利用有标签样本生成一个可用来分类的模型。

classification model（分类模型） 见 classification（分类）。

classification threshold（分类阈值） 一个实数值，规定一个模型用预测分数进行分类的标准。例如，使用对数几率回归进行二分类需要一个分类阈值：我们认为一个对数几率回归模型判断一个邮件为垃圾邮件的概率。如果分类阈值为0.9，模型输出大于0.9时即被视为垃圾，小于0.9为非垃圾邮件。

classifier（分类器） 见model，classification（模型，分类）。

Cluster（聚类簇） 一组具有某种相似性、关联性的样本（通常是整个数据集的子集）。

Clustering（聚类） 将样本分到一个或多个聚类簇的问题。

clustering algorithm（聚类算法） 一种用于发现数据中内在分组的非监督学习方法，组又称为聚类簇。例如，基于客户的消费习惯可将客户分组，并用于具体划分客户群体。具体聚类算法有k均值、层次聚类和DBSCAN等。

computational graph（计算图） 一个用于形容神经网络中计算的有向图。在计算图中，节点可对应运算或变量。变量节点可提供数值给运算节点，运算节点可将其结果输出到其他运算。这样，图中每个节点都定义了一个变量的函数。

confusion matrix（混淆矩阵） 一个表格，用于总结一个分类模型预测样本为几个类别的效果。一个轴是模型预测的类别，另一个轴是实际的标签。对于多分类问题，混淆矩阵可以帮助判断错误规律。例如，我们可以通过混淆矩阵发现，一个动物物种识别模型容易将“猫”错误地判断为“豹”，或将“狗”误认为“狼”。混淆矩阵也可以用来计算不同的效果指标，如查准率和查全率等。

continuous variable（连续变量） 一个在区间内有无数个可能值的变量。换句话说，就是可以取任意值的变量。具体举例如时间、距离和质量。

convergence（收敛） 一般来说，收敛是迭代训练时的一种状态。

具体表现是，在几次迭代后，目标函数变化非常小或完全不再改变。在使用同样数据的情况下，如果额外的训练已经无法提高一个模型的效果，模型即到达收敛状态。

convolution（卷积） 一种应用卷积滤波器在输入矩阵的运算。输入矩阵的维度比卷积滤波器本身大很多。

具体过程是，先将滤波器与一个输入矩阵的切片相乘，再将得到的矩阵相加求和。切片由滑动窗口的方式选择。

convolution filter（卷积滤波器） 在卷积神经网络中，一个含有可训练参数的矩阵。与一块矩阵切片一同参与卷积运算。

convolutional neural network（CNN，卷积神经网络） 一类前馈神经网络，常应用于图像和文本分析。通过使用卷积层过滤输入，CNN 保留有用的信息。这些卷积层的参数可以通过训练学得，因此滤波器可以自行调整并识别对当前任务最重要的信息。从而，神经网络可以保留图像和文本中的不同特征和每层之后越来越抽象的信息。

cosine similarity（余弦相似度） 一个测量两个样本间相似度的度量，计算两个特征向量间夹角的余弦。

cost function（成本函数） 机器学习算法优化的标准，通常是一个数学公式，包括损失函数（所有训练样本）及一些正则化表达式。

cross entropy（交叉熵） 衡量两个概率分布的相似度。对支持为 X 的两个离散概率分布 p 和 q，交叉熵可定义为 $H(p, q) = -\sum_{x \in X} p(x) \log q(x)$。在对数几率回归和神经网络学习中，交叉熵常被用于定义代价函数。

cross-validation（交叉验证） 用于检测一个由学习算法生成的、含有超参数的统计模型的方法。具体方法包括，将训练数据分成若干部分，再轮流地用其中一份测试一个模型。每个模型用除测试数据之外的其他数据训练得到。交叉验证常被用于调整超参数。

D

dataset（数据集） 一个样本集合。

DBSCAN 一个基于密度的聚类算法，将间距小于某超参数的两个样本放入同一聚类簇中。

decision boundary（决策边界） 在二分类或多分类问题中，一个将潜在向量空间分成两个或多个区域的超曲面。分类器的表现，取决于决策边界分隔不同类别样本的效果。

decision tree（决策树） 一个树形模型，逐个检验输入样本的特征并分配一个类别（在分类问题中）或一个目标值（在回归问题中）。一个决策树可由决策树算法从数据中学得。具体算法如 ID3、C4.5 和 CART。

decision tree learning algorithm（决策树学习算法） 一种用于生成决策树模型的学习算法。具体算法如 ID3、CART 和 C4.5。

deep neural network（深度神经网络） 一个在输入层和输出层之间存在多个层的神经网络。

density-based clustering algorithm（基于密度的聚类算法） 一种聚类算法，根据相似密度的子空间（可由相邻样本平均间距定义），识别样本群。通常情况下，基于密度的聚类算法可以学习任意形状的聚类簇。

dimensionality reduction（维度降低） 简称降维，是一个将高维度数据集（每个样本是一个高维度向量）转换为一个维度较低并保留重要信息的数据集的过程。用于降维的典型算法包括主要成分分析（Principal Component Analysis，PCA）、UMAP 和其他词嵌入方法，如

word2vec 等。在训练大量数据时，维度降低可以帮助缩短训练时间。有些情况下，相比原数据集，降维之后的数据集可使模型的准确率提高。

divisive clustering algorithm（分裂聚类算法） 一种自上而下的层次聚类算法：所有样本起始于同一聚类簇，再随着算法向下层移动，递归地分裂。

dropout（丢弃） 一种用于神经网络的正则化手段。在训练的每次迭代中，随机地将一部分单元的值设为0，可避免单元相互抵消。

dummy variable（虚设变量） 常指一个从其他变量泛生或合并而成的二元变量。比如一个可能值为 0 或 1 的虚设变量，0 代表年龄小于 25，1 表示年龄大于等于 25。也见：binning（分箱）。

E

early stopping（早停法） 一种正则化技巧，指在训练损失仍在下降时提前结束模型训练。具体使用时，工程师会在验证数据集损失开始增长时结束训练。因为这时泛化效果也开始变差。

embedding（嵌入） 一种将输入表示，如一个词或句子，映射到一个向量的方法。该向量也可称为嵌入。最常用的嵌入是词嵌入方法（也称词嵌套），如 word2vec 和 GloVe。不过，句子、段落或图像同样可以被嵌入。例如，我们将图片和文字描述映射到同一嵌入空间，并最小化两者间距，则可以将标签与图片匹配。嵌入可以用神经网络学得。

ensemble learning（集成学习） 通过组合多个弱分类器学习一个强分类器的问题。

ensemble learning algorithm（集成学习算法） 通过组合多个弱分类器学习一个强分类器（准确率高于任何一个弱分类器）的算法。

epoch（周期） 一个机器学习算法完整地扫过整个训练集一次为一个周期。

evaluation metric（评估指标） 一个用于衡量模型质量的公式或方法，比如 ROC 曲线下面积和 F 分数。

evolutionary algorithm（进化算法） 一类不对优化标准进行任何假设的优化算法。进化算法初始于一个解群，随后应用受自然进化影响的"突变""交换"和其他运算。基因算法是常用的进化算法。

evolutionary optimization（进化优化） 一种利用进化算法调整超参数的方法，用于优化表示超参数的未知函数。

example（样本） 又称实例，一个数据集的一员。通常情况下，一个样本是一个特征向量。每个特征表示样本的某个特定属性。例如，如果数据集包含个人样本，那么第一个特征可能是身高（厘米），第二个特征可能是体重（千克），第三个特征可能是性别，诸如此类。所有表示样本的向量都具有相同维度，且每个维度代表相同特征。

example，labeled（样本，有标签） 一对特征向量和标签。通常，一个标签是模型想要预测的量。如果我们的特征向量代表个人的参数，那么标签可能是年龄。一个机器学习问题可以是通过一个人的特征向量来预测他的年龄。又见，labeled example（有标签样本）。

example，training（样本，训练） 训练集的一个成员。

example，unlabeled（样本，无标签） 一个只含有特征向量，没有标签的样本。又见，unlabelled example（无标签样本）。

exploding gradient problem（梯度爆炸问题） 与梯度消失问题相反。在深度神经网络中，反向传播时梯度有可能会爆炸，造成数字溢出。一个常用的解决方法是梯度剪裁。

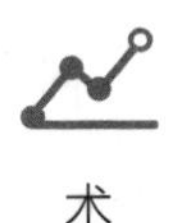

F

F score（F 分数） 见 F1 score（F1 分数）。

F1 score（F1 分数） 也叫 F 分数或 F 测量，是一个衡量分类有效性的评估指标，包含查准率和查全率。

false positive（FP，假正） 一个被模型错误预测为正类别的样本。比如，模型认为某一个邮件为垃圾邮件（正类别），而实际上不是垃圾邮件。

feature（特征） 一个样本的属性，通常是特征向量的一部分，可以是数值的或类型的。如果样本是一个人，则可有以下特征：身高（数值），体重（数值），种族（类型）等。

feature engineering（特征工程） 将原样本（如图片、文本、日志等）转变成特征向量的过程。特征工程不是一个自动的程序：数据科学家利用他们的直觉和领域知识，从原样本中创造有用的特征。

feature selection（特征选择） 建模的一道程序，从数据集中去除看似无关的特征。

feature vector（特征向量） 一个向量，每个维度代表一个样本的特征。

feature，informative（特征，提供信息的） 一个具有较高预测能力的特征。

feedforward neural network（FFNN，前馈神经网络） 一种各单元间链接不形成循环的神经网络。它与循环神经网络截然不同。在一个前馈神经网络中，信息只向一个方向移动。从输入单元开始，经过隐藏单元（如果是深层网络），一直向前到输出单元。

few-shot learning（少量样本学习） 一种机器学习方法，通常用于分类。其作用是从少量训练样本中学习一个有效的分类器。

G

gate（门函数） 在一个门单元中的可训练函数，用于控制是否允许删除或重写该单元的内存。

gated recurrent unit（GRU，门控循环单元） 在循环神经网络中加上一个门单元。相比长短期记忆单元，它的参数量较少。同样的，GRU 也利用门控机制解决梯度消失问题，从而使循环神经网络可以有效学习长距离依赖。GRU 包含一个重置门（决定该单元多大程度上保留旧值）以及一个更新门（决定当前用哪个新值取代旧值）。

gated unit（门单元） 一种在循环神经网络中常见的单元，利用所谓"门函数"来解决梯度消失问题。具体的门函数有门控循环单元（GRU）和长短记忆单元（LSTM）。

Gaussian distribution（高斯分布） 也称正态分布，是一种非常普遍的连续概率分布。其概率密度定义为f_{μ}，$\sigma^2(x)=\frac{1}{\sqrt{2\pi\sigma^2}}e^{-\frac{(x-\mu)^2}{2\sigma^2}}$，其中$\mu$为分布的均值（或期待值），$\sigma^2$为方差。

Gaussian process（高斯过程） 一个随机变量集合中，每个有限集合都有一个联合高斯分布。

generalization（泛化性） 模型可以应用于新的、未见过数据的能力。新数据需取样于与训练数据相同分布。

genetic algorithm（GA，基因算法） 一种数值优化方法，用于优化不可导的目标函数。该算法模仿生物进化过程，利用生物进化概念搜索一个优化问题的全局最优（极小值或极大值）。算法开始时，GA 生成初代的候选解。如果我们想找模型参数的最优值，就先随机生成多种不同的参数组合。接着，用目标函数测试每个参数组合。每个组合可以被想象成在多维空间中的一个点。然后，我们通过"筛选""交

换”和“突变”等方法从现有的点 d 生成下一代的点。

GloVe（手套模型） 一种流行的词嵌入学习算法。训练时，需要先从语料集中汇总全局词与词共现统计。见 word2vec。

gradient boosting（梯度提升） 一个集成学习算法，通过迭代地整合决策树来构建一个集成模型。每个后来树被训练来降低当前集成模型的误差。

gradient clipping（梯度剪裁） 在向后传播中，我们将梯度用于梯度下降算法前先将其值封顶的方法。梯度剪裁帮助确保数值稳定，避免出现梯度爆炸问题。

gradient descent（梯度下降） 可用于可导函数的迭代优化算法，功能是寻找函数的极小值。很多机器学习算法都使用梯度下降或其变形，从训练数据中寻找代价函数的极小值。也见：随机梯度下降（SGD）。

gradient step（梯度步长） 在梯度下降中用于更新参数的值，通常是学习速率与目标函数梯度的乘积。

grid search（网格搜索） 一种调试超参数的方法。过程包括用所有可能的超参数组合训练模型，再选择最优的组合。效果最优的超参数组合在验证集中表现最好。

H

hidden layer（隐藏层） 在神经网络中，输入与输出层之间的任何一层。

hidden unit（隐藏单元） 在神经网络中，属于隐藏层的一个单元。

hierarchical clustering algorithm（层次聚类算法） 一类创建树形聚类簇的聚类算法。层次聚类算法分两种：凝聚聚类和分裂聚类。又见：划分聚类算法。

hinge loss（合页损失） 一个用于训练分类器的损失函数。合页损失被用于间隔最大化分类，特别是支持向量机。

holdout set（留出集） 数据集中的一部分，包括故意没有用于训练（“留出”）的样本。验证集与测试集都算留出集。留出数据帮助检验模型泛化到训练集以外样本的能力。相比在训练集的损失，留出集的损失可以更好的估计模型在训练集以外的损失。

hyperparameter（超参数） 一个机器学习的参数，它的值并不能由学习算法在训练中优化得到。根据算法，一个超参数可以是训练迭代的次数、小批次的大小、一个正则化参数、学习速率值等。因为它们不能通过学习算法优化，我们常用交叉验证优化，具体方法有：网格搜索、随机搜索、贝叶斯优化和进化优化等。

hyperparameter tuning（超参数调试） 试图找到最优超参数值的操作。一般情况下，我们先尝试不同的值，再在验证集检查它们的表现。一个常用的方法是网格搜索。

Hyperplane（超平面） 一个将空间一分为二的界线。举个例子，一条线是一个二维空间内的超平面；一个平面是一个三维的超平面。在机器学习中，一个超平面常指一个分隔高维空间的界线。例如，支持向量机学习算法使用超平面，分隔在超高维度空间内的正负类别的样本。

I

ID3 最简单的决策树学习算法之一。

input layer（输入层） 神经网络中的一层，其单元对应输入样本的特征。

instance（实例） 见样本。

instance-based learning（基于实例学习） 亦称基于内存学习，是

一类学习算法。与其执行明确泛化，再用于新的、训练中未见过的样本，基于实例学习直接将样本保存在内存中。k 近邻就是一个基于实例学习的例子。

Iteration（迭代） 一个迭代学习算法的一系列指令重复多次。比如，训练神经网络的每次迭代都包括先使用一批训练样本，再用梯度下降更新参数。

K

k Nearest Neighbor（kNN）(k 近邻) 一个基于实例学习的算法，可用于分类和回归问题。在分类场景时，用向量空间内 k 个近邻的多数类别预测一个无标签样本的类别。在回归场景中，通过 k 个近邻的平均标值计算一个无标签样本的标值。样本间的距离通常由一个相似度指标决定。

k-mean（k-均值） 一个划分聚类算法，根据样本于其中一个行心的距离，将数据分成正好 k 个聚类簇中。一个类簇的行心是类簇中所有点的均值。

k-median（k-中值） 一个划分聚类算法，根据样本于其中一个行心的距离，将数据分成正好 k 个聚类簇中。一个类簇的行心是类簇中所有点的中指。

Kernel（核） 一个计算输入 x' 与每个训练样本 x_j 之间相似度的函数。最常被用于支持向量机的核技巧中。

kernel trick（核技巧） 用一个简单的、包含 x 和 x' 的函数，取代两个高维度映射 φ（x）和 φ（x'）乘积的复杂运算的技巧。核技巧在训练支持向量机时尤其适用。

L

L1 regularization（L1 正则化） 一种正则化方法，利用成本函数中参数的绝对值的总和。

L2 regularization（L2 正则化） 一种正则化方法，利用成本函数中参数的平方的总和。

label（标签） 在有标签样本中，分配给一个特征函数的类别（分类中）或目标值（回归中）。

labeled example（有标签样本） 见 example，labeled（样本，有标签）。

Latent Dirichlet Allocation（LDA，隐含狄利克雷分布） 一种流行的主题模型算法，用于学习每个文档的主题分布和每个主题的词分布。我们用遵循狄利克雷分布对两个分布建模。

latent semantic lndexing（潜语义分析） 一种流行的主题模型算法，使用奇异值分解将一个稀疏的文档对词条矩阵变换成一个密集的文档对主题矩阵。

layer（层） 一组由同一类型的数学函数定义的单元，通常相互没有关联。

learning algorithm（学习问题） 或机器学习问题，指任何可以通过分析数据生成模型的算法。

learning rate（学习速率） 一个通过梯度下降法更新模型的标量。每次迭代中，梯度下降法将成本函数的梯度与学习速率相乘，得到的乘积叫作梯度步长。

linear regression（线性回归） 一种流行的回归算法，学得的模型是特征的线性组合。

log loss（对数损失） 对数几率回归中用到的损失函数。

logistic regression（对数几率回归） 又译逻辑回归，是一种分类

算法，训练后的模型输出每个可能标签的概率，再利用 sigmoid 进行分类。

“对数几率回归”通常指二分类问题。如果分类问题是一个多分类问题，就用“多类别对数几率回归”。

long short-term memory（LSTM）unit（长短期记忆单元） 一种循环神经网络中的门单元。作为一种门单元，在向后传播时，LSTM 帮助缓解梯度消失问题。LSTM 单元有一个记忆体和 3 个门（“输入”“输出”和“遗忘”）。记忆体的功能是保留 RNN 之前使用的信息，或在必要时遗忘。包含 LSTM 单元的神经网络也称为 LSTM 网络，是专门为避免 RNN 中长期依赖问题而设计的。它被证明可以比简单的 RNN 更有效地学习复杂序列。

loss（损失） 一个损失函数的返回值。

loss function（损失函数） 一个函数，返回一个对模型预测错误的惩罚。函数有两个输入：模型对一个输入特征向量的预测结果和实际标签。在预测结果偏离实际标签太远时，函数的输出值较高；反之较低。

LSTM network（长短期记忆网络） 一种包含 LSTM 单元的循环神经网络。

M

machine learning（机器学习） 计算机科学的一个分支领域。涉及构建模型，该模型需要依赖关于某种现象的样本集才能有效。这些样本或来自自然，或人为手工创造，或由其他算法生成。机器学习也可以定义为解决一个实际问题的过程：数据采集，根据数据进行统计建模。我们认为该模型可以被用于解决实际问题。

machine learning algorithm（机器学习算法） 见 machine learning

（机器学习）。

maximum margin classification（最大间隔分类） 一种二分类方法，试图在高维度特征空间找一个超平面。该超平面具有如下属性，即与两类样本间距离最大。一个最大间隔分类的例子是支持向量机。

metric learning（质量学习） 亦称相似度指标学习，是一个从样本中学习相似函数的任务。一个含有两个变量的函数，只有具有以下特性才可能称为“指标”：非负性，对称性，满足三角不等式。

minibatch（小批次） 见 batch（批次）。

minibatch stochastic gradient descent（小批次随机梯度下降） 梯度下降法的一种变体，通过利用少量样本估算目标函数梯度的方式，加快训练速度。所用到的少量样本称为“小批次”。

model（模型） 也称为统计模型，是机器学习算法应用于训练数据后的产物。通常情况下，模型是一个参数化的数学公式，参数由机器学习算法学得。已知一个输入样本，一个模型可以直接生成回归目标或分类类别，或为每个可能类别生成一个概率。

model，classification（模型，分类） 一个用来分类样本的模型。已知一个特征向量，该模型输出一个类型标签。

model，regression（模型，回归） 已知一个输入特征向量，该模型输出一个实数值。

multi-class classification（多类别分类） 一个区分超过两个类别的分类问题。譬如，将标签“健康”“交通”“金融”等标签分配给一个文本文档的问题即是一个多类别分类问题。另外，将邮件分为两类（“垃圾邮件”和“非垃圾邮件”）的问题是一个二分类问题。

multi-class logistic regression（多类别对数几率回归） 又称多项对数几率回归，一种由对数几率回归泛化到可以解决多类别分类问题的算法。

N

neural network（神经网络） 由包含相连的单元（又称为神经元）的层组成的模型。

neuron（神经元） 见 unit（单元）。

normalization（标准化） 将实际范围值变换成一个标准范围值的过程，通常转换后的区间是［-1，+1］或［0，1］。

O

objective function（目标函数） 机器学习算法为构建一个模型而优化的函数。通常，目标函数表示模型预测值与训练样本的实际标签之间的差异。

one-hot encoding（独热编码） 将一个类型特征转换为多个二元特征的方法。转换后的特征，除了一个为1，其余均为0。

outlier（异常值） 一个与数据集总体规律相去甚远的样本。

output layer（输出层） 神经网络的一层，其单元生成预测。

output unit（输出元） 神经网络中属于输出层的单元。

overfitting（过拟合） 生成的模型与训练数据过于匹配，包括过多细节和训练数据特有的噪声。过拟合的模型在预测训练样本的表现近乎完美，却无法对留出数据做出正确预测。正则化可以用来解决过拟合问题。

P

parameter（参数） 一个数学公式中的量，用于定义一个模型。一个机器学习算法，通过最小化代价函数改变这些量。比如在神经网络中，参数是应用于输入单元的权重。

partitional clustering algorithm（划分聚类算法） 一种聚类算法，通过划分高维度特征向量空间成为多个子空间，将无标签样本分成若干组。具体算法如 k 均值和 k 中值等。

pooling（池化） 将之前卷积运算输出的矩阵缩小成一个较小矩阵的技术。池化常用的方法包括取池化面积内最大值或均值。

population（群体） 整个样本集合，从中可以获取数据集（抽样）。通常，我们假设数据集的大小远小于群体大小。很多时候，样本的数量是无限的。

precision（查准率） 评估一个二分类模型质量的度量，指正确预测的正样本占模型预测为正的总数的比率。也见：recall（查全率）和 confusion matrix（混淆矩阵）。

predictive model（预测模型） 一个由机器学习算法创建的分类或回归模型。

predictive power（预测能力） 量化一个特征被加入到特征向量后模型表现随之产生的变化。

principal component analysis（PCA，主要成分分析） 一道将一些可能相关的特征转换成少量、不相关的特征的数学程序。输出特征即主要成分。PCA 通常作为一种降维工具，在减少特征数的同时保留大多数重要的信息。

R

random forests（随机森林） 一种集成学习算法，通过在决策树构建过程中每次划分时随机抽取特征的方法来增强装袋的效果。

random search（随机搜索） 一种超参数调试技术。不像网格搜索尝试所有的参数值，只尝试固定数量从特定概率分布中取样的参数设置。

random variable（随机变量） 一个可能值是一个随机现象的结果的变量。具有数值结果的随机现象，比如投掷一个硬币，扔一个骰子或者出门遇见的第一个陌生人的身高。

recall（查全率） 评估一个二分类模型质量的度量，指正确预测的正样本占正样本总数的比率。也见：precision（查准率）和 confusion matrix（混淆矩阵）。

recurrent neural network（RNN，循环神经网络） 一种神经网络，其中的层不只接受前一层的输入，也输入其本身之前的状态。RNN 常被用于序列数据，比如自然语言和语音处理等。

regression（回归） 已知一个特征向量，需要预测一个实数标签（目标）的问题。

regression algorithm（回归算法） 可以创建回归模型的机器学习算法。

regression model（回归模型） 见 model，regression（模型，回归）。

regularization（正则化） 通过将拟合后函数平滑化的方式，避免过拟合的技术。常用的几个正则化方法有 L1 正则化、L2 正则化及丢弃等。

reinforcement learning（强化学习） 机器学习的一个分支，要求机器感知周围的环境状态为特征向量。在每种状态下，机器可以执行动作。不同的动作对应不同的奖励，并同时改变机器到另一个状态。强化学习试图学习一个在每个状态下选择执行最优动作的策略。一个最优的动作最大化平均期待奖励。

representation learning（表示学习） 不同于特征工程，表示学习从数据中学习特征。

risk（风险） 随时函数的期待值。

S

semi-supervised learning（半监督学习） 一个从有标签和无标签样本学习模型的问题。通常情况下，无标签样本的数量会远远超过有标签样本的数量。

sigmoid function（S 型函数） 一个可以将任何数值转换成区间（0，1）的函数。在对数几率回归中用于生成输出。

similarity metric（相似度指标） 一个函数，以两个特征向量为输入，返回一个代表两个向量相似度的实数。通常，两个向量越相似，指标返回的值越高。

standardization（规范化） 又称 z 标准化，是将特征值重新调节到符合一个具有 $\mu=0$ 和 $\sigma=1$ 的标准正态分布的过程。其中，μ 是均值（数据之中所有样本的该特征的平均值），σ 是标准差。

statistic（统计） 一个随机变量的属性，如均值或标准差。

statistical model（统计模型） 见 model（模型）。

stochastic gradient descent（SGD，随机梯度下降） 梯度下降法的一种变体，通过随机选择单个训练样本，估算目标函数梯度的方式加速训练。实际操作中，小批次 SGD 比较常用。

strong classifier（强分类器） 一个由集成学习算法组合多个弱分类器而构建的分类器。其分类效果超过所有单个弱分类器。

supervised learning（监督学习） 一种通过有标签样本学习一个回归或分类模型的问题。

Support Vector Machine（SVM，支持向量机） 一个回归算法，试图将正负类别样本之间的间距最大化。SVM 常同核和合页损失同时使用。

T

target（目标） 在回归问题中一个特征向量所对应的实数值。

test set（测试集） 一个用于最终模型测验的留出集。也见：training set（训练集）和 validation set（验证集）。

token（词条） 文本分析中的一小段文字，是词条化的产物。

tokenization（词条化） 将一整段文字分成单个，称为词条的个体的过程。一个词条可以是一个字、一个词组或者一个符号。

topic modelling（主题模型） 从一些文档中获取主题的问题。通常，数据科学家先决定这些文档中可能涉及的主题数量，再由算法将词分组用于描述每个主题。常用的主题模型算法有隐含狄利克雷分布（LDA）及潜语义分析（LSI）。

training（训练） 通过应用一个机器学习算法于训练数据的方法，构建一个模型的过程。

training data（训练数据） 见 traing set（训练集）。

training example（训练样本） 见 example，training（样本，训练）。

training loss（训练损失） 用损失函数计算模型应用于训练数据所产生的值的均值。

training set（训练集） 一个样本集，整个数据集的随机子集，用于训练机器学习模型。也见：test set（测试集）和 validation set（验证集）。

transfer learning（迁移学习） 调整一个训练后，用解决一个特定问题的模型来解决另一个问题的过程。

true negative（TN，真负） 在二分类过程中，被模型正确地预测为负标签的负类别样本。

true positive（TP，真正） 在二分类过程中，被模型正确地预测为正标签的正类别样本。

U

UMAP（均匀流形近似和投影） 一种维度降低算法，试图通过最小化原特征空间中和降维后空间中的相同相似度指标之间的熵来找到低维度的数据表示。

underfitting（欠拟合） 一个模型无法较好地匹配训练数据，也就是模型无法准确预测训练样本的标签。

unit（单元） 神经网络的一个节点，也称为神经元。通常，一个单元有多个输入值，且只生成一个输出值。神经元通过应用一个激活函数（非线性转换）于输入值的加权和来计算得出输出值。

unlabeled example（无标签样本） 见 example，unlabeled（样本，无标签）。

unsupervised learning（非监督学习） 一种在非标注数据集中自动寻找隐藏（或隐性）结构的问题。非监督学习的例子包括聚类、主题模型和维度降低。

unsupervised learning algorithm（非监督学习算法） 一个解决非监督学习问题的算法。

V

validation example（验证样本） 验证集的一员。

validation loss（验证损失） 用损失函数计算模型应用于验证数据所产生的值的均值。

validation set（验证集） 为调试超参数而留出的数据。

vanishing gradient problem（梯度消失问题） 在非常深的神经网络中出现的一种问题，特别是使用梯度很小的激活函数的网络，如循环神经网络等。因为这些小梯度会在向后传播时相乘，从而在层与层之间"消失"，造成网络无法从长期依赖中学习。与其相反的是梯度爆炸问题。

variance（方差） 对训练集中微小浮动的误差的敏感度。高方差可导致一个算法对训练数据中的随机噪声建模，而不是想要得到的结果（见过拟合）。

volume（卷） 表示一个物体的指标的综合，比如用于表示一个图像的每个矩阵代表一个通道的像素。另外，一个卷也可以指卷积神经网络（CNN）中卷积层的输出。

W

weak classifier（弱分类器） 在集成学习中，若干低准确率分类器之一。当它被一个集成算法整合在一起后，变成一个强分类器的一部分。

word embedding（词嵌入） 表示词汇中的一个词的向量。词嵌入向量具有以下特征；近义词的向量表示，根据某些相似度指标，在数学上也相似。

word2vec 一种很流行的词嵌入学习算法，训练一个浅层的神经网络，通过上下文预测一个词，或已知一个词预测上下文。也见：GloVe（手套模型）。

Z

zero shot learning（零样本学习） 学习一个模型，可以对标签不在训练数据中的样本进行分类的问题。通常，一个解决方案需要对特征向量和类别标签都嵌入。